现代教育理念与中职学生计算思维培育

董　晓◎著

中国商务出版社
·北京·

图书在版编目（CIP）数据

现代教育理念与中职学生计算思维培育 / 董晓著
. -- 北京 ： 中国商务出版社，2023.5
ISBN 978-7-5103-4666-8

Ⅰ．①现… Ⅱ．①董… Ⅲ．①电子计算机－教学研究
－中等专业学校 Ⅳ．①TP3

中国国家版本馆CIP数据核字(2023)第079580号

现代教育理念与中职学生计算思维培育

XIANDAI JIAOYU LINIAN YU ZHONGZHI XUESHENG JISUAN SIWEI PEIYU

董 晓 著

出　　　版：中国商务出版社

地　　　址：北京市东城区安外东后巷28号　　邮　编：　100710

责任部门：外语事业部（010-64283818）

责任编辑：李自满

直销客服：010-64283818

总 发 行：中国商务出版社发行部　（010-64208388　64515150 ）

网购零售：中国商务出版社淘宝店 （010-64286917）

网　　　址：http://www.cctpress.com

网　　　店：https://shop595663922.taobao.com

邮　　　箱：347675974@qq.com

印　　　刷：北京四海锦诚印刷技术有限公司

开　　　本：787毫米×1092毫米　1/16

印　　　张：11　　　　　　　　　　　　　　　字　数：227千字

版　　　次：2024年4月第1版　　　　　　　　印　次：2024年4月第1次印刷

书　　　号：ISBN 978-7-5103-4666-8

定　　　价：68.00元

凡所购本版图书如有印装质量问题，请与本社印制部联系（电话：010-64248236）

版权所有　盗版必究（盗版侵权举报可发邮件到本社邮箱：cctp@cctpress.com）

前　言

随着互联网的快速发展，信息技术在教育领域的应用不断深入，对人们的思维和行为方式起着潜移默化的影响。在此发展过程中，计算思维受到众多关注，掀起了研究热潮。目前，中职信息技术课程改革已经明确将计算思维纳入学科核心素养，作为核心素养的能力体现，计算思维是中职学校培养技术型人才的关键。中职教学一直在探索和创新教育教学模式，强调发挥和促进学生主体作用，以学生为主体、着重实践的任务驱动教学模式与中职学校培养技术型人才的教育特点相吻合。因此，如何在现代教育理念下更好地培养中职学生的计算思维能力是需要研究的关键问题。

基于此，笔者撰写了《现代教育理念与中职学生计算思维培育》一书，在内容编排上共设置六章，分别为：现代教育的基本理念、现代教育理念与学习模式、现代教育技术及媒材处理、现代中职学生及其思维能力培养、现代中职学生计算思维及其培育方法、现代中职学生计算思维培育的实践研究。

本书具有以下特点：

第一，以实用性为牵引，科学合理安排章节内容。本书从基础的角度切入，对全书的整体架构、章节内容做了科学编排，较为系统地讲解了现代教育理念内容与中职学生计算思维培育的具体策略。

第二，语言表述力求通俗易懂，简明扼要。本书内容的安排遵循从易到难，循序渐进的原则，深入浅出地讲解了在现代教育理念下中职学生计算思维培育的方式，可读性较强。

本书在撰写过程中，吸收和借鉴了很多专家学者的研究成果，在此表示诚挚的谢意。由于作者水平有限，加之教育理念的不断发展，书中所涉及的内容难免会有不足，恳请读者提出宝贵意见，使之更加完善。

目　　录

第一章 现代教育的基本理念

第一节　现代教育概念与功能价值

一、现代教育的概念界定

关于现代教育的概念，从外部条件着手，可以将其界定为：适合现代生产体系、现代经济体系、现代文化体系、现代科学技术、现代社会生活方式的教育概念、形态和特征；从内部因素着手，可以将其界定为：教育者以大生产性和社会性相统一的内容，把受教育者社会化为能适应现代生产力和生产关系相统一的现代社会的人的活动。

综合而言，可以将现代教育表述为：从资本主义大工业和商品经济发展起来到共产主义完全实现这一历史时期的、致力于与生产劳动相结合、培养全面发展的人的教育。该定义力图揭示现代教育的共性。

实际上，不同的文化传统、社会制度和不同发展阶段的现代社会都会以自己的独特个性来表现和实现这一共性。从这个意义上来看，现代教育是一个复杂的、多样的、动态的综合与统一的概念。

二、现代教育的功能价值

（一）现代教育的功能

现代教育功能是指教育活动和系统对个体和社会所具有的各种影响和作用。作为一个独立的系统，教育在微观上表现为一种活动，是由教育者、受教育者、教育内容、教育方式等要素构成的，这些要素之间的相互作用则构建了教育活动的内部结构。教育活动内部结构的运行，是教育者借助一定的教育方式和手段，用教育内容作用于受教育者，其结果是影响受教育者的发展，因此，教育的内部功能就表现为对受教育者发展所起的作用。

教育在宏观上表现为社会的一个子系统，与人口、文化、经济等其他系统共同构成完整的社会结构。社会的发展变化是由生产力和生产关系的矛盾运动推动的，教育则通过对生产力和生产关系的作用而对社会其他子系统产生影响，从而表现出影响社会发展的功能，这就是教育的外部功能。

现代教育功能具有客观性、依附性与作用性质的中性等特征。首先，教育功能具有客观性，它是教育本身所固有的，由教育的结构属性所决定。其次，教育功能具有依附性。教育功能的依附性是指随着人类实践活动的不断丰富和社会生产力的不断提高，教育的内在功能指向有着多元化的可能性。最后，教育功能的性质是中性的，它既有有利于个人、社会的正向的教育功能，也有中性的、甚至是对个人与社会有害的负向功能。

（二）现代教育的价值

现代教育的价值，从教育价值指向上，可以划分为对个体的价值与对社会的价值，并强调两者的统一。此外，也可以从其他角度进行新的分类，例如，现代教育具有知识价值、能力价值、品格价值和方法价值。四项基本价值具有相对独立性又密切联系，构成了一个完整的现代教学价值体系。

现代教育价值具有的特性包括：①教育价值具有历史性。随着人类社会的发展，作为教育价值主体的人、社会和自然的需求也在变化。不同的历史时代、不同的社会阶段，人对教育的要求也不同。②教育价值具有客观性，教育的价值取决于它本身固有的属性，教育具有发展人的素质和改变人的状态的作用，这种作用是教育的本质属性，它是客观的。③教育价值具有实践性。教育的价值是通过人们有目的的积极活动形成的，只有通过积极的教育实践活动才能使教育价值体现出来。

（三）现代教育功能与价值的区别

现代教育功能和价值有着明显的区别，主要体现在以下三个方面：

第一，教育功能是教育本身所固有的属性，是由教育结构所决定的，是在社会系统中所体现出来的作用和影响。而教育价值则是教育现象的属性和人的主观需要之间的特定关系，是一种现实的主客体关系，是牵涉到人的主观需求的教育属性，并不是由教育本身独立决定的。

第二，教育功能是客观的，它的实现是依赖于教育自身结构的正常发挥，及其与社会的恰当结合。教育的价值则既有客观性又有主观性，其客观性表现在人们对教育价值的认识都是来源于主体以外的客观存在，而教育本身的客观属性是不改变的，任何价值选择都要以教育的客观规律为前提。但是教育价值同时也体现了教育对象的主观性，而不同的主体对教育的价值就会产生不同的认识。

第三，由于教育功能是客观的，是教育通过培养具有一定品质的人作用于社会，具有正、负功能之分。教育对人对社会的贡献体现了正功能，而不利于社会进步的方面则显示出负功能。教育价值主要表现为教育对于社会或个体发展所具有的积极意义，体现了明确的目的性。教育价值本身就是为了满足主体的需求，因而是经过主体的评判选择，同时主体在选择过程中要根据客观规律达到合规律性与合目的性的统一，历史与现实的统一，内容与形式的统一。

总而言之，教育价值要说明的是"教育应该干什么"的问题，而教育功能构成了教育价值的现实基础。教育功能主要表现为教育能够满足一定的社会或个体的需求，而教育价值则是对教育满足社会或个体的需求的程度的评价。教育功能问题侧重于把教育作为一种对象加以事实分析，而教育价值问题，则是把教育作为研究的对象同认识主体联系起来进行关系分析。需要注意的是，教育功能与教育价值之间有很大的正相关，主体选择怎样的教育价值，实际上就在于选择了怎样的功能；反之，这种功能的发挥又可以重新构建教育结构。教育价值的实现，虽然依赖于教育功能的发挥，但教育功能发挥不等于教育价值的实现。

教育价值与教育功能都很重要，我们必须同时给予足够的关注。忽视了教育价值问题就等于忽视了教育的方向，而忽视了教育功能问题便失去了教育向一定方向前进的力量。"提出区分教育价值与教育功能，目的正是在于说明虽然教育是人的一种有目的的活动，但教育价值的实现与教育功能的发挥并非是天然一致的，而教育活动的根本目的在于实现教育的价值，即促进人类社会的发展和进步"[1]。

第二节　现代教育理念的类别划分

一、"以人为本"的现代教育理念

第一，管理者要树立以人为本的教育理念。"观念决定行动，学校管理者端正教育思想，真正树立以人为本的教育理念是解决德育实效性问题的关键性因素"[2]。首先，树立

[1]　张睿：《教育的功能与价值概说》，《教书育人：高教论坛》2013年第6期，第2页。
[2]　彭琼：《坚持以人为本提高德育实效》，《湖北教育（政务宣传）》2021年第11期，第54页。

"一切为了学生的发展"的观点。树立以学生为中心，面向全体学生、全面关心学生、促进学生全面发展的观点，切实把立德树人工作放在首位。其次，重视德育岗位，重视德育工作者。要把德才兼备的优秀教师选派到德育岗位工作，重视德育成果的宣传和推广应用。增加德育工作经费投入，为德育工作者营造良好的工作环境。重视德育工作者待遇的落实，为德育工作者创造良好的生活条件。不断改善德育工作环境，让德育岗位成为学校最值得羡慕的岗位之一。

第二，加强队伍建设，提高教师的育人水平。提高德育实效，关键在教师，抓好教师工作，关键在师德，必须把师德建设作为学校德育工作的重要抓手，不断提高教师的师德水平。要引导教师充分认识教师工作的教育价值和意义，增强自信心和自豪感，提升自己的精神格局。要大力弘扬、积极践行"乐教、敬业、爱生、律己"的师德准则，让全体教师明确职业行为方向。要制定积极的政策导向，让不良教师行为受到必要的惩戒，让良好师德行为成为所有人学习的榜样、追求的目标。要努力创造条件，帮助教师获得良好的生活环境和发展环境，实现良好发展，不断提高教师的工作积极性和育人能力。

第三，尊重学生发展需要，改进德育方法。时代在发展，学生的思想和心理也随之发生变化，因此，我们的德育形式和方法必须不断改进。首先，分解德育目标，实行分层教育。德育是塑造学生心灵的工作，必须遵循学生身心成长规律，在德育目标设计上要分层次，对不同学段、不同思想基础的学生提出不同要求，为他们找准各自的"最近发展区"。其次，减少传习式教育，多开展丰富多彩的活动，寓德育于丰富多彩的活动和社会实践中，特别要注意利用现代教育手段开展德育活动。最后，改进操作评定办法，让操行评定成为引导学生向上向好的动力。必须将定量和定性评价相结合，客观、公正地反映学生的操行表现；必须切实将学生的操行评定结果纳入学生的成长记录，使其成为影响学生学业进步和终身发展的信用记录，让操行评定真正发挥其对于学生成长的促进作用。

第四，完善德育网络，落实全员育人。德育是一项系统工程，它需要学校、社会、家庭的密切配合，因此，德育要坚持整体性原则。学校管理者要努力推动学校、家庭和社会各方面的教育力量紧密结合，形成育人合力。学校应建立校长负责德育工作的体制，形成管理育人、教学育人、环境育人、服务育人、活动育人互相配合的育人网络。

第五，重视个别教育，开展心理咨询。过去，学校德育工作大量的、经常性的是集体教育，集体教育对于形成积极向上的良好集体无疑起到了非常积极的作用。但是，学生品德形成的过程，毕竟是个体的心理活动，而学生又存在个性上的差异，因此，教师应当在深入了解每个学生特点的基础上进行个别教育，做到因材施教。另外，个别教育的有效途径之一就是开展心理咨询和个别谈话。开展心理咨询的形式主要有当面咨询、书信咨询、电话咨询。个别谈话应该在宽松和谐的气氛下进行，谈话要讲究艺术，要少批评、多鼓励，既要指出问题，又要给予进步的信心。当然，个别教育比较耗时，因此，要求教师要细心，要有耐心，要有对学生负责的高度责任心。

第六，重视学生的自我教育。要增加学校德育的实效性，就要重视学生的自我教育。学生自我教育能力的培养不是自发的，这就要求教育者有意识、有目的地去教育引导。一方面激励学生发扬优点，树立信心；另一方面引导学生学会自我约束、自我评价、自我监督、自我批评。自我教育的过程也是学生互相学习、互相影响、共同提高的过程。学生在自我教育的过程中，必定会以周围的同学做比照，见贤思齐，见不贤而自省。因此，开展有利于学生自治、自理、自律的活动，可以有效地引导学生进行自我教育。

第七，重视校园文化建设，促进学生的个性化发展。要努力净化校园环境，引导校园文化朝健康高雅的方向发展。校园文化建设途径主要有六个方面：一是做好校园的绿化、美化、净化工作，打造美丽校园，增强校园的怡情养性功能；二是加强班级文化建设，形成团结向上、具有凝聚力的班集体，提高学生自主管理和自我教育的水平；三是加强团队建设，加强少先队工作，开办学生党校和少年团校，开展丰富多彩的专题教育活动；四是加强学生社团建设，开展丰富多彩的社团活动，培养学生的兴趣、爱好和特长，提高其交往能力；五是开展有意义的科技活动和文化活动，如举办美育节、艺术节、演唱比赛、小制作小发明比赛和各种体育比赛，提高学生的科技、文化和体育素养；六是办好宣传栏、广播站、校园电视台，宣传先进的教育理念和育人经验，宣传先进典型，批评不良现象，营造健康向上的育人氛围。

第八，完善校纪校规，加强制度调控。学校的规章制度要全面，要符合学生实际，要便于操作。除了学校有制度外，班级也要有班纪班规。有了制度，还要建立一套保证制度执行到位的机制，尤其要建立起一套健全的学生自我管理机制。

二、"学生是人"的现代教育理念

学生是学校教育存在的首要前提。没有学生，就无所谓学校，也就无所谓学校教育。"学生是教育工作的对象。教师对学生、对学生个体有各种各样的看法，这就是学生观。所谓学生观，是教育者对学生的角色定位和对学生心智状况的基本估价，是教育者对学生的总体看法。"[①]

学生观支配着教师的教育行为，影响着教育者的工作态度和工作方式。每位教师都有

---

① 赵诗安、陈国庆：《现代教育理念》，江西高校出版社 2010 年版，第 85 页。

自己的学生观，这种学生观，无论教师是否意识到，都在影响着教师的工作。如果学校管理的全部工作贯穿着一个怎样看待教师的问题，那么学校教育的全部工作贯穿着一个怎样正确对待学生的问题。如何看待学生，如何看待学生在教学过程中的地位和作用，是每个教师在教育教学工作中面临的基本问题。

在部分教师心中，学生的任务就是学习，教师的任务就是授课，就是向学生传授知识。这样，在教学过程中教师关注最多的是学生的学习活动，对学生其他方面（如思想、情感、心理、个性等），或是被忽略，或是被置于次要地位。教师如把学生仅仅视为"学生"，就容易忽视对学生作为"人"的关注。

教师忽视了学生作为"人"的存在，就容易把学生作为学习的工具、考试的工具，这就降低了学校教育中的"育人性"。时代的发展，社会的进步，要求教师不再像过去那样简单地看待学生。教师在教学过程中首先要把学生看作一个人，要确认学生作为"人"的地位和作用。因为在教育过程中，学生首先是作为人而存在。教师重视学生作为"人"的存在，就会自觉地把学生的生活经历、思想感情、人格态度等因素纳入教育的视线之内，并巧妙地贯穿于教育教学过程之中，贯穿在与学生的交往过程中。

（一）学生是独立的人

学生是教育工作的最主要的对象，在学生身上，存在着两种相对应的本质属性：向师性和独立性。

学生是作为一个整体的人——有思想、有情感、有意志、有个性、有行为的人——参与和投入到教育教学活动中的。学生是一个活生生的独立主体，"独立性"是学生具有的一种根本特性。

1."独立性"是学生的根本特性

每个学生都有自己的感官，自己的性格，自己的知识和思想基础，自己的思想和行动规律。教师只能让学生自己读书，自己感受事物，自己观察、分析、思考，从而使他们自己明白事理，自己掌握事物发展变化的规律。学生是富有个性的生命体，他们的生活背景不同，认知个性不同，课堂上学生会以自己独特的视角观察问题，他们看问题的角度会各具情态。

每个学生都是独立于教师的头脑之外，不以教师的意志为转移的客观存在。在教师认识他们之前，他们早就存在了，而且早就形成了他们现在所具有的各自的特征和活动规律。同时，学生被自己这个生活世界中的种种关系所制约，这种种关系，包括家庭关系和社会关系，人与人的关系和人与物的关系，都是客观存在的，经常地影响着、限制着、约束着甚至规定着一个人从早到晚的生活，形成了他一整套生活、学习和待人接物的习惯。

教师要想使学生接受自己的教导，就要先把学生当作不以自己的意志为转移的客观存在，当作具有独立性的人来看待，使自己的教育和教学适应他们的情况、条件、要求和思想认识的发展规律。

学生具有独立的倾向和独立的要求，突出表现在他们的独立意识方面。独立意识，也叫独立感，是指个体希望摆脱监督和管教的一种自我意识倾向。随着自我意识觉醒与发展，学生内心有一种挣脱父母、教师的管教和约束，摆脱依赖性和幼稚性，实现独立的愿望。学生的独立意识主要表现在以下方面：

第一，经常向周围的人，尤其是向年长者表明自己的独立要求并表现出全新的"成熟"的特点。

第二，喜欢独立地观察事物、认识事物、判断事物，独立地思考和行动；不喜欢父母、教师的管教或指点。

第三，希望自立，乐于自己组织自己的活动，喜欢同龄人聚在一起探讨问题，交流思想，更新认识，探索人生的奥秘；自己动手解决问题，对自己组织的活动十分热心，而不喜欢别人过多地指责、干扰和控制他们的言行。到了高年级，由于知识、经验的积累，不少学生能够把独特性放到适当的位置。在学校时，他们愿意与教师，特别是自己敬佩的教师来往，希望从中获得教益。

学生的独立性是作为未成年人融入成年人世界的独立特征，他们希望以自己的话语方式认识世界、认同世界、回归世界，进而改造世界。独立性是人类文明不断除旧革新的动力，代表了新的文化符号。认识学生的独立性，就是要尊重学生的主动发展意识和能力，就是要合理引导学生的学习方法，就是要把学生作为独立的文化创造者而不是文明附属品来看待。

2. 学生独立学习与独立解决问题的能力

学生是一个活生生的独立主体，独立自主性是其基本的行为特征。教师在教育教学工作中，既要以学生的向师性为基础，又要以学生的独立性为导向，正确地认识和对待学生的向师性和独立性及其两者的关系，注意维护和尊重学生的独立人格，培养学生独立学习和独立解决问题的能力。

教育要让每名学生感到自己是一个独立的人，培养他们的批判意识和怀疑精神。教师要赞赏学生的独特性和富有个性的理解与表达，激励学生自信，扬起学生主动发展的风帆，教会学生做自己的主人、班级的主人、国家的主人。

（1）承认、尊重和正确对待学生的"独立性"。"独立性"是客观存在的、学生所普遍具有的一种根本特性，这种特性，在学生的学习生活中，经常地、顽强地表现出来，对于他们的成长有非常重要的意义。因为具有这种特性，学生才能够不断地发展自己独立生活、独立学习、独立工作的能力，成长为一个独立的人，学生只有具有"独立性"，才有可能具有"创造性"。

培养学生独立学习和独立解决问题的能力是非常重要的。但是，如果一方面强调培养学生独立学习和独立解决问题的能力，另一方面又忽视学生的"独立性"，那么，这样的教师不但不可能使学生的独立学习能力得到发展，而且会影响学生独立能力的发展。

总而言之，教育和教学上的缺点、错误、失败，很多都是由于忽视和不能正确对待学生的"独立性"而产生的。由此可见，学生的"独立性"，是教师必须承认，必须尊重，必须加以分析研究，必须正确对待和积极引导的。承认、尊重、正确对待学生的独立性，是培养学生独立学习和独立解决问题能力的前提。

（2）培养学生独立学习与独立解决问题的能力。在教育过程中，对学生进行恰当的控制是教师的任务和职责，也是保证教育过程有序、有效进行的必要条件。但是，如果教师仅仅把角色责任一成不变地定位在控制上，那就偏离了教育的根本目标。因此，教师工作的着力点是培养学生独立学习和独立解决问题的能力。

第一，创造让学生自由发展的空间。教师应以民主的方式来管理班级，着力营造一种和谐愉悦的班级氛围，让学生在这样的氛围中互相激发，使每个人的个性都得到自由充分的发展。民主的教育才能培养具有民主特质的现代人。自主才能自立，自立才自强。教师应为学生创造自由发展的空间，促进学生自主性发展、独立性发展。

第二，提供学生表现自我的舞台。教师应尽量组织开展一些能充分显示学生智力、道德、意志力的活动，为每个学生提供充分表现自我的舞台。另外，教师要通过多样化的课堂教学活动和课活动，诱发学生的兴趣，充分发掘学生的潜能，发展他们的个性特长，激发学生的内在发展动力。

第三，因地制宜创设磨炼学生意志的情境。培养学生自立能力最基本的方法，就是给学生创设情境，引导学生"自己的事情自己负责"；引导学生从身边的小事做起，多实践，多锻炼。此外，教师可以经常向学生布置一些只有克服某些困难才能完成的任务；要让他们到生活中去经受锻炼，获得体验，让他们了解生活的艰辛和对未来社会承担的责任，培养艰苦朴素的品德，增强抗挫折的能力。

第四，培养学生独立学习的能力。在教学中，教师不仅要教学生知识，更重要的是要让学生掌握学习方法，使其能独立学习，能通过自我学习不断获取新知。学生在独立学习的过程中，难免会遇到难题，这时，教师要立足课堂教学，适时地对学生加以引导和启发，鼓励他们去探索，去面对困难，面对挫折。学生正是在克服困难，应对挫折，解决问题的过程中，提高独立学习的能力的。教师要给学生留下独立思考的空间和时间，在教学中要体现对知识形成过程的重视。一般而言，学生对于新知识的认识和掌握常常需要一个过程，学生常在置疑—质疑—释疑的过程，能逐步建立起对知识的正确认识。所以，教师在教学中要让学生应用所学知识，独立思考，力求通过自己的努力解决问题。当学生通过自身努力，通过独立思考自行解决问题时，他们就能享受到成功的快乐，进而激发起学习兴趣。当学生遇到自己无法解决的问题时，教师再适时予以点拨，这样可以收到事半功倍的效果。

（二）学生是成长发展的人

学生是成长发展的人，包括相互关联的两层意思：第一，学生具有"未完成性"；第二，学生是成长过程中的人。

1. 学生具有"未完成性"

学生具有"未完成性"，从积极的意义上理解，这种未完成性是指：在我们的学生身上，具有丰富的潜能，存在着广阔的发展空间，蕴藏着对中华民族伟大复兴至关重要的人力资源。

学生具有"未完成性"，是未成年人，从社会学角度来说，"未成年人"是"边际人"，具有"边际人"的特点。

（1）学生是介于婴幼儿与成人之间的"半"社会成员，这一社会属性导致学生在相当程度上带有"边际人"的特征。

（2）从学生所处的成人社会文化体系来看，他们相对于社会比较稳定的文化体系而言是不成熟的个体。处在"文化的边际状态"，带有边际人的特征。

（3）学生所处的边际地位常常是一种过程的概念，他们正经历着从不成熟阶段向成熟阶段的过渡。

（4）学生这种边际状态也意味着一种不确定性和可能性。

学生具有"未完成性"，是"未成年人"，从生理学、心理学角度来看，他们的身心发展尚未完成，潜藏着巨大的发展能量。学生的潜能是巨大的，但必须去开发，而且会开发，这种潜能才能发挥出来。因此，教师应该采取平和、愉快、友好和鼓励的方式。

学生具有"未完成性"，是未成年人，从教育学角度来看，他们具有可塑性。学生具有的可塑性是教育存在的前提，这意味着学生在教育过程中，在教师指导下，能逐步成长起来。另外，学生的生活和命运是掌握在学校和教师的手里的。学生是不是能生活得有趣味，是不是能学得好，是不是能健康成长，是不是幸福欢乐，都与他们所在的学校和所遇到的教师有极大的关系。教育的作用在于想方设法使每个人的智慧和潜能都得到最大限度的开发，使每个人都能获得最充分的发展，使每个人都能达到他可能达到的境界。

学生是变化发展中的人，教师用这样的观点看待学生，就会对每一个学生充满期望，就会给学生更多的引导和鼓励，促进学生身心健康发展。

2. 学生是成长过程中的人

学生是成长过程中的人，这就意味着他们还是不成熟的。因此，教师要以宽容的态度对待学生，并耐心地等待学生的成熟。

发展作为一个进步的过程，总是与克服原有的不足和解决原有的矛盾联系在一起，并且要认识到学生是发展中的个体，就要理解学生身上存在的不足。

（三）学生是具有时代特点的人

1. 学生的总体风貌

当代学生生在改革开放的年代，长在社会加速发展的时期，更多地享受到了改革开放带来的成果。他们的总体风貌，即在他们身上所反映出来的总体特征，主要来自两方面的影响：一方面是他们不能回避当代文化、教育与环境的影响；另一方面是他们不能回避身心发展水平、状况与年龄特征的限制。具体而言，影响当代学生的总体风貌形成的因素有以下方面：

（1）多元化的信息获取方式。网络时代，学生获取信息的方式不是单一的。教师的权威地位已经动摇，书本也不是学生知识的唯一来源。媒体的发达，使学生可以从电视、广播、光碟、报刊、图书中获得知识和信息，互联网更是使学生坐在家中就可以知道天下事。因此，当代学生是伴随着数字和互联网成长的一代，与他们的父辈相比，他们接受网络技术又早又快。两代人之间，隔着互联网，产生了较多问题。其实，网络对学生的影响是无法抵挡的，也不应该阻止学生接触网络。教师应该接触网络、进入网络世界，学校也应与网络世界联通，只有这样，教师才能和学生的生活世界连接，才能积极地影响学生。

（2）受同辈群体的重要影响。同辈群体是指由地位相同的人组成的关系密切的群体。同辈群体一般由家庭背景、年龄、特点、爱好等方面比较接近的成员构成。他们时常聚在一起，彼此间有很大的影响。他们有自己的语言和沟通方式。他们在同辈群体中，学习与人交往的方式，尽情地表现自己的个性和特点，施展自己的才华。在同辈群体中，个体的地位和得到的评价是极其重要的，而且这也是他们形成新的价值观和人生观的基础。

当代学生的任何一个特点，既蕴藏了时代给予他们的优势，也包含着他们在发展过程中沉淀下来的缺憾。总体而言，当代学生精神风貌是积极的、向上的，他们具有以下方面的优势：创新意识与批判性较强；关注自我形象，有较高自信心；有较强的平等意识、法律意识和自我保护意识；愿意用事实说话；注意自学，喜欢探究；休闲态度积极，休闲类型丰富多彩。

在社会性品质方面，今天的学生具有强烈的爱国心、明确的道德意识，但是道德观念和道德行为脱节的现象也十分严重；重视自我、富有个性，喜欢求新求异，但是在突出个人的同时也削弱了社会责任感；视野开阔、关注世界与未来，但对复杂的社会影响缺乏明确的判断能力；乐于求知、喜欢探索，但由于课业负担过重，学习的内在动力明显不足；物质生活条件不断改善，但劳动观念不强，社会实践和体育锻炼普遍不足。

2. 学生的积极性

（1）了解学生。对于教师而言，只有认识和了解当代学生的特点，才能做好当代的教育工作。因此，教师需要从情感、道德、认知、生理、心理等有关人的所有方面认识和理解学生。

（2）和学生共同成长。作为教师，应该努力使自己成为超级教师，让自己与学生一起学习，与学生共同成长，快乐地见证并推动学生逐步走向成熟。

（3）帮助学生超越成长的烦恼。学生在成长过程中面临着许多烦恼，如升学的压力，与父母、同学的关系，生理成熟提前与心理发展滞后的矛盾、独立与依赖的矛盾，现实与理想不一致的困惑，等等。面对学生的困惑、烦恼，教师可以利用自己的威信，成熟的社会经验，坦诚地与他们交流，给他们想办法，教会他们主动进行心理调适，鼓励他们超越自我，帮助学生走过成长的烦恼。

三、"整体优化"的现代教育理念

人的个性及其发展是社会环境的产物。社会环境可区分为宏观环境和微观环境两个层次。宏观环境是社会中占统治地位的生产关系、上层建筑、意识形态；微观环境是指存在于个人周围的、与他直接发生联系的、影响他意识和行为的环境。宏观环境往往并不能成为个人直接交往互动的对象，反之，它总是通过微观环境、经由微观环境改造而起作用的。换言之，在影响人的环境因素中，宏观环境的影响是间接的，微观环境的影响是直接的，同时，它作为宏观环境的媒介作用于人。学校、家庭、社区构成了直接影响学生成长的整体环境。

现代教育是一种扩大了内涵的大教育，从纵向来看，是贯穿人一生的终身教育；从横向来看，包含着学校教育、家庭教育、社会教育。学校教育、家庭教育与社会教育是现代教育系统的三大支柱。学校是专门的机构，是青少年接受教育的主渠道。家庭教育是学生社会化的起点，对学生的成长具有奠基作用。社会是人们集合的共同体，它提供给人们生存和发展的基础环境，又给人们以巨大的影响。学校教育、家庭教育和社会教育有着各自不同的特点和功能，对于学生发展来说，缺一不可，不能相互替代。学校教育、家庭教育、社会教育应目标一致，理念趋同，过程同步，方法互补，资源共享。这样，三者才能实现更高层面上的有机统一，才能整体优化学生的成长环境。为此，教育工作者要形成学校教育、家庭教育、社会教育整体优化的大教育观。

（一）学校是学生与教师所向往的场所

学校是特殊的环境，也是人的身心发展的外部条件。学校教育在学生身心发展中起着主导作用。因为学校是专门的教育机构，能按照一定的教育目的，根据文化遗产的要素来选择、组织一定的教育内容，能根据个体的年龄特点选择相应的方法，对学生身心发展施加影响，促进学生朝着符合社会发展的方向发展；学校有经过专业训练的教育者对学生实施教育影响；学校能够利用学生的生理遗传因素，选择良好的社会影响因素，科学地把握学生身心发展的方向、速度和水平，从而有效地促进学生身心健康发展；学校能使来自不同背景的年青一代集合在一起，增加了同龄学生的交往机会，有利于学生社会化。

学校是专门的教育机构，应当成为学生生存和发展的最佳空间，应当成为学生和教师最向往的地方。

1. 学校是一个求知的学园

学校生活是师生人生中一段重要的生命经历，是师生生命历程中有意义的构成部分。好的学校应是一个求知的学园，应当成为学生生存和发展的最佳空间，成为教师专业发展的重要场所。对于学生而言，学校生活的质量直接影响学生当前及今后的发展和成长；对教师而言，学校生活的质量直接影响教师对职业的感受，影响教师的职业态度和教师专业水平的发展，关系着教师人生价值的实现。

校园文化是学校的重要特征。学校的魅力在于它有丰富的智力背景和深厚的文化底蕴。学习、思考、探索、研究的氛围就是一种吸引人、教育人的力量。从某种意义上来看，校园文化是学校的重要特征。优秀的学校文化是学校的一面旗帜，它能引领师生在和谐的环境中教与学；优秀的学校文化是一种氛围，它能熏陶浸染师生的心灵；优秀的学校文化是一种引力，它能凝聚人心，形成育人的合力。

好的校园能引导学生和教师去探索求知，能感染教师与学生，能以强大的魅力使师生团结在一起。好学校应创设这样一种文化，学生浸染其中，能体验到求知的乐趣，探索的兴奋，成长的幸福。

学校是学生生长的地方，教师要给知识注入生命，真诚地欣赏每一个学生，赞赏每一个学生的优点，关注他们的细微进步，鼓励学生对权威的质疑与挑战、对自己观点的否定和超越。教师要善于激发和保护学生的好奇心和求知欲，珍惜学生的幻想和想象，强化学生的学习动机和兴趣，激励学生树立远大的志向，鼓励学生不断追求，以实现美好的人生目标。学校要丰富学生成长的经历，学校教育要激发学生积极向上的力量。

学校不仅要关注学生，而且要关注教师，使教师在教育教学的过程中与学生共同成长。学校应成为教师向往的地方，成为教师的另一个家园。学校要关注教师作为人的主体价值，对教师的要求必须建立在一个合理的价值关系范围内，对教师提出更高的要求，必须充分尊重教师意愿，发挥教师内在的自觉性、主动性、创造性。学校的领导要关注教师的基本生存需要及更高层次的成长需要，给教师创造良好的生活环境、工作环境，创造适合教师专业发展的良好条件；根据教师专业发展的内在规律，帮助教师克服专业发展过程中的惰性，激发教师向上的信心、勇气和动力；唤起教师追求卓越、成就事业的锐气；培养教师的参与意识和奉献精神。学校要成为教师的另一个家园，就要让教师在学校获得成长的力量；就要为教师发展提供平台；就要为教师的生命发展提供动力。

学校必须依靠教师而发展，教师则有赖于学校而成功。学校应努力营造一种良好氛围，让教师在这种充满生命活力的氛围中，体验到自己是学校集体中的一分子。教师的成功就是校长的成功。校长不仅应关心教师的职业技能，还应关心他们的职业精神，关心他们的职业人生，更应千方百计地创造条件，增强教师工作的和谐感、成功感与幸福感。

学校是教师专业发展的重要场所。学校要改善教师专业发展的环境，提高教师的个体素质，培养教师的专业精神和追求卓越、自主学习及积极探索的意识，提升教师创新教育教学的能力；创建相互合作学习的学习型组织；营造民主、宽松、合作互动的工作环境；形成合作研究的共同体及促进教师专业发展的内生态环境等。教师专业发展内生态环境的营造不仅直接影响教师的专业发展，而且会间接影响教师发展的外生态环境，即社会各界对教师职业的专业认同、尊重及支持力度。良好的教师成长环境最终有利于学生、教师共同成长和学校的发展。

学校还要建立以制度规范为基础的激励机制。通过加强职业规范与教师利益的联系，使教师在专业发展的过程中养成自觉关注个人价值与社会价值的统一，把个人的价值追求与卓越的职业价值追求统一起来，实现教师专业发展的自觉。教师职业具有独特性，教师的教学工作具有很大的差异性和个体性，因此，能否公正地评价他们的工作成效，直接影响教师对自身价值的体验，影响他们的工作积极性和对专业价值的追求。学校只有建立合理公正的评价体系，才能不断推进教师专业发展。学校要加强理论研究，形成较为完善、合理、更富人性化的教师工作评价体系。

2. 学校是生动活泼的乐园

好的学校应当是生动活泼的乐园。学生只有在愉快的氛围和环境中才能迸发激情，形成为中华崛起而读书的意愿。学校形成了生动活泼局面，人的个性能得到充分的张扬，人的智慧潜能得到深层的开掘，人的情感能得到充分释放。学校充满了欢歌笑语，学生才是快乐的，也能在其中体会到成长的快乐。

任何一种活动，人都是以一个完整的人的生命体方式参与和投入的，而不是某一方面的参与和投入。教育是对人整体发展的一种成全，教师如果不从人的整体性上来理解和对待学生，而只限于单纯传授知识和训练技能，不考虑学生主动发展和整体发展的需要和可能，那么，教学难以取得预期的效果。教师应该把学生作为完整的人来对待，还给学生完整的生活世界和展示生命的时间、空间和舞台。

在新的教育理念的影响下，学校面貌会发生很大变化。学生将发现，学校正在努力地适应着他们，而不再是一味地要求他们去适应学校。学生在校园里将变得轻松和愉快，这是因为，教育是为了让所有的学生都能得到健康的发展，都能最大限度地挖掘出他们个人的潜能。为此，教师不仅要关注学生群体，而且要关注个体；不仅要关注他们的知识技能，还要关注他们的态度情感和价值观；不仅要关注他们的当前，还要关注他们的未来。教师，正在为学生营造新的、富有创造活力的生活。

学校是师生共同的"生命场"。在"生命场"的共振活动中，师生不断成熟和完善。教师与学生一样，其生命的意义及价值是在其生命的历程中显现并得以成就的。教师在奉献、服务的同时，还要从中获得一种生命成长的体验。

3. 学校是充满亲情的家园

好的学校要像家园那样充满亲情。学习、人与人的交往、合作，一旦融入了亲情，才有可能坦诚、深刻和有意义。在亲情中，问题容易化解，教师和学生的精神世界能够得以升华。为此，教师要关注学生的生活世界，关注学生的生命价值，关注学生的心理世界。一个好教师首先是热爱学生，感到与学生交往是一种乐趣，相信每个学生都有发展潜能，都能成人成才，乐于与学生交朋友，关心学生的快乐和内心感受，让学生感受到亲情般的爱。

教育是做人的工作，教师面对的是处于成长过程中的学生。合格教师的第一要素不是

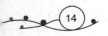

对教材的熟悉和教学基本功的过硬，而是他对生命的热爱，他的民主思想，他的人文情怀。师生应当互相关爱、互相尊重、互相学习，教育过程应是师生感情默契、体验美好、共同成长。只有这样，教育才会有更广阔的发展。

（二）家长是教师的教育伙伴

家庭和学校是学生学习、生活的主要场所。教师和家长在学生成长过程中各自扮演着重要的角色，是对学生身心发展有重要影响的人。教师与家长是"两个并肩工作的雕塑家"，在教育与塑造学生，在促进学生健康成长过程中应相互配合，成为有效的合作者。

学校教育与家庭教育有机地结合，为学生发展创造一个良好的成长环境，是教育的本质要求。教师是学校教育的直接承担者，家长是家庭教育实施者，教师与家长合作，可以使学校和家庭两个相互独立的教育场所联系起来，可以调适家庭和学校教育之间的目标差异，形成教育合力，可以使学校教育和家庭教育相互衔接，保持教育在时空上的延续性、整体性，还可以在教育方式方法上实现优势互补，增进学校与家庭之间相互支持的力度，进而优化教育大环境，扩大学校教育影响的范围。总而言之，教师与家长之间的合作，学校教育与家庭教育之间的沟通与协作才会有实质性的渠道；学校教育与家庭教育才可能整合为一致性的教育力量。

从教师的角度来看，教师是教育任务的直接承担者，与家长建立联系，促进家庭教育和学校教育相互配合是教师教育工作的重要组成部分。教师与家长交往与合作是教师接触社会的重要渠道。教师广泛地接触各类学生家长，通过家长了解社会，有利于创造性地做好学生的教育工作。另外，家长是教师和学校形象的评价者和传播者，教师主动与家长建立良好的人际关系，可以在家长中留下好的形象，为学校和教师树立好的声誉。在教育过程中，教师引进家长参与的力量，增进亲师合作层面，能扩展学生学习的时空，有利于教师有效地开展教育教学工作。

从家庭教育的角度来看，每个孩子从出生到上学，以至在学期间，很大一部分时间是在家庭里度过的。学生的思想、品德、学习、兴趣、性格和健康状况都同家庭的影响、教育分不开。因此，教师要了解、教育学生必须取得家长的积极配合。有时家长不仅可能帮助教师找到教育学生的有效方法，而且家长本身也就是对学生进行教育影响的重要力量。同时，作为专业的教育工作者，教师应努力使家长了解学校和班级的教育工作计划及其子女在思想品德和学习上的表现，向家长介绍先进教育经验，对家庭教育工作给予必要指导；应听取家长对学校和班级工作的意见和要求，了解学生在家的表现，如对长辈的态度、家务劳动、完成作业、课外时间的支配等情况，这对于提高教师工作的针对性，是必要的。总而言之，加强教师与家长间的相互联系，有利于双方共同培养和教育学生。

教育好学生是教师与家长的共同目标，加强教师与家长合作是教育工作的现实需要。可见，家长是教师的教育的合作伙伴。

1. 共同教育是教师与家长合作关系的基础

在教育学生方面，教师与家长的根本目的和利益是一致的。教师受国家、人民的重托，为提高全民族的素质，为社会培养全面发展的高素质人才而承担教育的职责。教师教育的目的是使每一个学生在他的教育引导下茁壮成长。家长们都希望自己的孩子将来能有出息。教师和家长虽然教育出发点不同、发挥作用的场所不同，但最终目的是一致的，都是为了促进学生的身心健康发展，这就决定了教师与家长不仅能够合作，而且有必要进行合作。共同的教育目的是教师与家长形成教育合作关系的基础。

教师与家长建立良好的合作关系，在教育工作中相互配合支持，带来的是双赢效果。由于教师与家长之间有着根本利益的一致性，家庭教育和学校教育之间都有对方难以替代的优势，因此，教师与学生家长只要在交往中本着相互尊重、共同合作的原则，建立平等的、融洽的人际关系，就能在教育工作中取长补短，优势互补，形成合力，共同促进学生健康快速发展。简言之，教师与家长之间合作交往，形成良好的关系，一方面实现了家长"望子成龙"的愿望，另一方面也实现教师的职业成就，从而取得双赢的效果。

教师应视家长为教育的资源，重视家庭教育对学校教育的补充作用，努力使之成为学校教育的重要配合力量。

2. 角色差异决定教师在亲师合作中的地位

教师角色是一种社会职业角色。教师角色是社会分工的结果，是社会发展到一定阶段，人类出现了脑体分工，社会性教育机构出现以后才有的社会角色。教师是经过专业训练的专业工作者。

家长是一种关系角色，家长这一角色只是相对于自己的孩子而言。对家长而言，他们虽有了解和参与对孩子进行教育的愿望，但在教育问题上缺乏专业训练而难以发挥专业影响力。教师与家长角色上的差异决定了教师在亲师合作中处于主导地位。正因为教师在与家长合作关系中处于主导地位，所以，教师应在亲师合作中承担更多的责任。

教师应主动与家长沟通，主动与家长建立联系。教师与家长加强沟通与联系，目的是提高家长的教育责任感与参与教育过程的积极性。教师主动与家长沟通，交流学生在校内外表现的信息，商讨促进学生进步的方式，有利于学校教育工作及时有序地展开，也有利于把握好沟通的时机。教师与家长沟通与联系的主动性应体现在四个方面：第一，教师应该首先表现出与家长交往的愿望和诚意；第二，教师应该主动寻求与家长建立联系的方式；第三，教师应该为家长创造与教师接触的机会；第四，如果出现矛盾或交往障碍，教师应该主动寻求解决问题的方法。

教师作为专业工作者，应承担起指导家庭教育的责任。学校是专门的教育机构，教师是专业教育工作者。教师要发挥专业优势，影响家长的教育行为，使家庭教育的作用能得到充分的发挥。教师要通过传授家教知识，帮助学生家长转变教育观念，提高家长的教育素养和家教水平，改进家教方法，从而在更高的层次上提高教师与家长的合作水平和合作质量。

3. 交往策略是提高教师与家长合作的关键

教师与家长合作的质量，取决于教师对与家长交往中可能出现的问题的预见性以及交往的艺术性。教师与家长具有共同的教育目标，他们之间没有本质上的矛盾，但是，由于在各自的社会角色、对教育手段的理解、与学生的亲密程度等方面存在差异，教师与家长之间也会产生某些不同观点。例如，部分家长不了解教育工作的复杂性与艰巨性，不知道影响教育因素的多样性，特别是不了解许多因素是教师难以控制的，因此，每当学生的成绩不能使他们满意，或学生表现不佳时，部分家长就对教师产生不满。同时，部分教师由于缺乏与家长沟通的技能与策略，导致了一些误解与矛盾的产生。

教师应尊重家长。教师在与家长交往过程中，要摆正摆好自己与家长的位置，要体现出对家长的尊重。教师应当把家长和其他相关人员看成是平等交往的对象。那种自恃自己有较高专业知识，在教育学生问题上颐指气使，这既违反了社会人际交往的平等原则，也不利于沟通和交往目标的实现。

（三）社会是学生学习的课堂

教育要关注学生的生活世界，打通书本世界和生活之间的界限，给学生主动探索的时间和空间。传统教育的一大弊端是：教师向学生展示的知识世界具有严格的确定性和简约性，这和不确定性和复杂性为特征的学生真实的生活世界毫不匹配，于是教育便远离了学生的实际生活，这种知识本位的课程和学校生活显然不符合时代发展的需要，不适应学生成长、发展的要求。教育改革全力追求的价值是促进学生和社会的发展。为此，教师要积极利用并开发各种教育资源，除了知识、技能之外，人类创造的所有的物质文明、精神文明，以及自然存在物都可以是构成教育的素材。而所有这些素材的教育意义都是潜在的，只有通过学生个人的经验才能够被激活而得以彰显。

生活与教育本就是密不可分的。教室虽然是学习的重要阵地，但不是唯一的地方。在课堂以外，在学校之外，社会生活中存在着广泛的学习空间，蕴含着丰富的可资利用的教育资源。教育的内容、方法、手段不可以脱离社会生活的具体实践。学校教育，只是人生教育的一部分，除了学校教育外，家庭生活教育，社会环境与实践的教育，自我教育对人的全面发展至关重要。上课是教育，闲暇娱乐也是教育，人的各种社会活动都会改变构成人的社会关系的总和，因而也会改变人，也可能推进人的发展。人的全面发展应该是社会教育的总目标，学校教育目标只是其中的一个环节。教材、教室、学校并不是知识的唯一源泉，大自然、人类社会都是人生的教科书。

学校向社会开放有利于学生社会化。教育的对象是人，教育的目的在于促进他们在德、智、体等方面和谐发展。从社会学意义上讲，人的成长过程就是社会化的过程。而教育则是一种有目的、有组织、有计划地促进人的社会化手段。人在其社会化的过程中，既要接受来自学校的影响，同时又要接受来自社会和家庭的影响。重视社会教育，加强社会教育和学校教育、家庭教育的联系，有利于教育在时间、空间上的紧密衔接，有利于学生在真实的生活环境下成长、发展和学生社会化。

学校向社会开放是实施素质教育的重要途径。第一，德育是素质教育的核心。丰富多彩的校外教育活动和社会实践，是学生德育的重要载体，有助于增加学生的道德体验，有助于引导学生在活动和行动中，体验道德是非，体验高尚，体验成功。学校向社会开放，能给学生一个真实的世界，使他们具有迎接未来世界、克服现实困难、谋求生存发展的心理准备和真实本领。社会教育与学校教育有机的结合，有利于开发、利用社区德育资源，改善和优化育人环境，提高德育的实效性，培养学生社会责任感，锻炼学生的组织能力、交往能力、协作能力、生存能力，促进学生德行的成长。第二，课程改革是素质教育的关键环节。课程的价值在于促进学生知识、能力、态度及情感的和谐发展。人类积累的文化财富浩如烟海，教科书中的知识信息不过是沧海一粟。学校教育应当使学生广泛了解有关自然、社会和人类自身的丰富知识，比较全面地理解人与自然、人与社会、人与人之间的关系，从而形成科学的世界观、人生观。第三，实施以创新精神和实践能力为重点的素质教育，关键是改变学生单纯接受知识传授的学习方式。目前，一些学校倡导和实践研究性学习，正是这种教学方式改革的积极探索。这些多种多样的小课题研究性学习，显示了学校教学改革的生机与活力。研究性学习强调学校向社会开放，从而拓展了学生学习的空间，为发现和开发学生多方面的潜能，提供了更多的可能性。随着学习方式的改变，学生有可能更多地关注社会、融入社会，深入认识学习的价值，发展学以致用、注重解决实际问题的意识，形成积极进取的人生态度。

学校向社会开放是实施终身教育的重要途径。从终身教育观念来看，生活与教育共同构成了终身教育的基础。终身教育通过正式教育和非正式教育的途径，沟通了教育与生活之间的联系。教育既要让学生在学习过程中获得更多的选择和发展机会，习得更多的生存能力和创造能力，同时也在学习过程中体验到学习生活的愉悦，培养学习的兴趣，进行"生活"。教育改革倡导学生的"生活"与"教育"的有效融合，从而更好地促进学生长远发展、终身发展。

学校向社会开放是学校教育积极应对社会变化的举措。学校可以被看成是一个多功能开放的动态系统，它不仅受到来自系统内部刺激的影响，而且也要受到来自环境刺激的影响。例如，当下的学生生活在一个大众传媒影响无处不在的社会，这一方面使学生见多识广、知识丰富；另一方面也给学生带来一些消极的影响。学校不能无视这种影响的存在，教师应努力把教育过程延伸到校外，让学生有能力主动、积极地应对社会的变化。

学校向社会开放是解决许多困扰学校发展问题的一种途径。许多困扰学校发展的问题，由于没有得到全社会的参与、支持，一直没有得到很好的解决。例如，经费短缺问题、片面追求升学率问题等，这些问题的存在影响了学校功能的发挥和事业的发展，而这些又是单靠学校的力量无法解决的。因此，学校要主动争取社会对学校教育的认同、支持和参与。

学校向社会开放也是推动社区发展的重要力量。校外环境是学校发展的基础，同时，社区又能利用学校资源促进社区的发展。从社区发展的角度，学校也是社区建设、发展的重要资源。学校可以成为社区文化的辐射源，学校教育资源在社区中集聚与释放，有利于培养、提高社区居民的文化水平和职业技术能力；有利于启发社区居民的互助合作精神，改进社区内的人际关系；有利于社区居民认识其共同的需要，训练其自治能力与自助精神。同时，通过举办社区文化活动，有利于丰富社区文化生活；通过提倡现代文明，有利于建立良好的邻里关系和社会秩序等。

学校与社会的联系说到底是与学校所在的社区联系。社区是沟通学校和社会的中介。社区是学生乃至成人所接触的最为具体的"社会"。因此，学校向世界开放，主要是要紧密与社区的联系，发挥社区的教育功能。

社区是一个社会学的概念，社区包括自然性社区和法定社区。自然性社区是未经行政划分的社区，如农村中的自然村；法定社区是根据社会管理的需要而设置的社区，包括市辖区政府、街道办事处和居民委员会三个层次的辖区，以及农村中的行政村。

学校应该是一个开放的系统，社区教育是学校教育的延伸，是实施素质教育的重要组成部分。学校要充分利用社区教育资源，发挥社会教育的作用。

1. 教育者要具备社区意识

学校管理者和教师要认识到学校是社区的一部分，社区对学校教育有多方面的影响。学校工作随时都要与社区发生联系，受其影响和制约，并需要得到社区的支持。社区文化和社区教育关系到社区居民素质，而学生家长多为社区居民，其素质高低、家庭教育的质量，也会影响到学校生源质量。社区是学生接触最早、最多的社会环境，对其思想、生活、行为有着潜移默化的影响。教师要了解学生的心理行为，就要了解社区特点。

2. 学校充分利用社区资源

在实施素质教育的今天，学生要学会求知、学会生存、学会劳动、学会创造，学校就要充分利用社区资源。现代社会具有复杂性、整体性的特点，学校要履行教育的职责。学校必须高度重视并充分发挥社区在学生成长中的作用，把各种教育资源组合起来，共同担负起教育的责任，优化教育环境，使学校教育从封闭式转为开放式。学校要依托社区，联合共建教育组织机构和校外教育基地。教师应带领学生走出学校，在社区中开展综合实践活动，有选择地参加社区活动；也可聘请热心教育的社区人士走进学校，对学生进行教育辅导。学校应把社会力量和社区资源纳入学校教育整体规划中，形成大教育运行机制，以适应时代发展和学生成长的需要。

社区资源包括社区的场所资源、人力资源、活动资源。社区的图书馆、博物馆、革命纪念馆、爱国主义教育基地等，都是学生学习的好场所。学校与街道、派出所、消防队、敬老院、交警队等单位建立联系，通过创办少年警校、聘请社区辅导员，积极开展消防安全演习、交通安全图片展、法制专题讲座、社区环境调查、植树护绿等活动，都可成为社会教育的途径。

3. 引导学生参与社会实践

社区服务与社会实践是学生在教师指导下，通过各种学生感兴趣的社会体验性学习和问题解决学习等活动，让学生参与社会、服务社区、理解社会的过程，这不仅是一个培养学生的社会归属感和责任感的过程，而且是学生精神境界、道德意识和能力不断提升的过程，是学生人格完善的过程。社会实践是学生接触社会、了解社会、服务社会的重要途径，学校要带领学生走出课堂，走出校门，参与社会实践活动。

4. 学生适度参与社区建设

学校以培养人才反作用于社区，成为社区文化发展、精神文明建设的力量。在社区发展中，学校和教师具有其他单位和个人无法比拟的优势和作用，学校应发挥人才优势，教师应确立在社区主动工作的观念，在不影响本职工作的前提下，尽可能参与社区文化教育工作，如科普、培训、美化环境、文体活动等，提高包括家长在内的居民素质及修养。还可为社区内企业发展、农民脱贫致富、居民文化水平提高出谋献策。优化了社区内环境，又将反作用于学校教育，促进其发展。

学校参与社区建设，要以净化社区环境，营造良好育人氛围为重点。良好的社区环境，浓郁的教育氛围，是学生健康成长的重要保证。首先，学校应主动协助社区净化教育环境，改变校园周边环境；其次，创办社区宣传橱窗、读报栏，积极开展健康向上的群众文娱活动，如举行书画比赛、征文比赛、棋类竞赛、运动会、联欢会等，让学生都能在良好的氛围中成长。

四、"人人能成才"的现代教育理念

人才观决定着教育观，进而影响学校的育人工作。因此，深刻反思并确立具有现代意义的人才观是全面推进素质教育的重要环节。人人都有成才的愿望，人人都有成才的可能，学校要为每个学生编织成才的梦想，要为每个学生的明天积蓄成才的力量，要为每个学生开辟多条成才的道路，要为每个学生提供最适合他们发展的教育，这是现代人才观在教育中的具体体现。

（一）相信人人有才，会对学生成才树立自信心

教师要坚信人人有才，就是相信每一个学生都能学习，都会学习；就是承认人人都有丰富的潜能，都有成才的可能性，每个人都有自己的智能优势。每个学生都有才，通过良好的教育和训练，每个学生都能成才、成功，这就是教育的意义和真谛。

教师相信人人有才，才会正确对待每一个学生的发展潜能；相信人人有才，才会积极寻求适合学生发展的好方法、好途径。

教育并不是一切从零开始，只要有正确的引导，学生就能发挥出较大的潜能。只要教育者为学生提供充分表现、思考、研究、创造的机会，相信所有的学生都能学习，都会学习，教育的作用就会充分显现出来。教育教学的技巧和艺术就在于，使每一个学生的潜能发挥出来，使学生能充分享受到学习成功的乐趣。

1. 坚信每个学生具有天赋的潜能

潜能，一是指人体内蕴藏有亿万年生命演化形成的极为丰富的精神力量；二是指人类几千年的社会实践和文化成果在人的身心结构的历史积淀和晶化。潜能既是自然进步的结晶，又是社会文化的积淀。

潜能是学生多种发展的潜在可能性，它是相对于学生已经表现出来的、现实的发展水

平而言的。每个人都有发展的潜能，一般正常人所发挥出来的能力只相当于他所具有的潜能的一小部分，因此凭借内在的动力、坚定的信心、顽强的毅力等积极心态的推动，人类完全可以发挥出惊人的创造力，建立辉煌的功业。此外，人的潜能可以分为体力潜能、智力和创造力潜能、个性潜能三大类。

学生不仅具有发展的潜能，而且这种潜能是巨大的。当代脑科学的成果显示，"最可塑的是人脑"。人类中枢神经系统基本结构单位和功能单位的神经元，在其生存过程中具有再生、改变、组合及调整其内部分子内容的能力和终身变化的动态特性，因而学习和接受教育可以是贯穿人一生的行为。

2. 坚信每个人都有要求进步的愿望

每个人都有要求进步的愿望，这种要求进步的愿望是推动学生学习和发展的强大动力。一些学生之所以缺乏学习的动力，恰恰是学校、家庭错误教育的结果。

学生的世界是多姿多彩的，人人有才，每个学生都是百花园中的一朵鲜花。教师要善于发现学生的闪光点，从闪光点入手，激发学生的进取心，从而使每个学生都能品尝到成功的喜悦。教师要从多种角度看待充满生机活力和个性的学生，要全方位地评价学生，多给学生掌声和喝彩。

教师可通过对学生非智力因素的培养和内在动力的激发，成倍地提高学生学习积极性，发挥潜能的作用。学生一旦成为学习的主人，就会求知若渴，克服困难，奋力前行，为自己赢得成功的机会，获得成功的体验与喜悦，这种体验又会激发新的求知欲，形成更强的学习动机，维持更久远的学习兴趣。

3. 坚信每个学生具有的学习能力

在教育实践中，教师如果相信，每个学生具有基本的学习能力和独特的发展方向，就不会造成误判，而令自己遗憾。教师应以"有教无类"的精神，依学生的个别需求，提供适应性教育，运用灵活有效的教学方式启发教育学生，并鼓励学生自我努力，自我实现。

（二）相信人无全才，才会寻求适合学生成才的教育路径

在教育工作中，教育者提出的要求，采取的教育措施，施教的内容都是外因，这些外因能否对学生起作用，必须通过学生的内因即学生的知识基础、智力水平、动机、兴趣等起作用。

1. 人无全才，体现在智力发展水平方面

（1）教师要在自己的角色定位上，要把自己视为"园丁"，而不是"伯乐"。基础教

育是面向全体学生、促进学生全面发展的教育。基础教育不是选择性教育，教师要把面向全体学生与注重学生个性差异很好地结合在一起。教师的角色不应是"伯乐"，而应是"园丁"；教师要创造适合学生的教育。有人曾形象地把教育比喻成根雕艺术。根雕是按照树根的特点，把它雕琢成一个艺术品；教师要根据学生的特点，创造适合其特点的教育。

（2）教师要从每个学生的个性特点、认知特点和特殊教育需求出发实施教育教学，既鼓励冒尖，也允许学生在某些方面暂时落后。人无全才，"合格加特长"就是有用之才。对不同的学生提出有差别的学习要求，允许学生接受不同水平的教学内容；允许学生以不同的速度学习同一内容，即允许部分学生用较快的速度学习，也允许一些学生用较长一点的时间达到相应的要求；允许学生用自己的方法去探索和解决问题。

（3）学校要积极探索教学组织形式的改革，如实行同质分组教学、程序教学等教学形式，努力创造条件，尽量使不同智商水平的学生都能得到发展。教学组织形式的改革有利于解决由于实行大班教学带来的某些问题。

（4）教师要明白，具有天才素质的人，并不一定都能成功；而所谓的成功者，更不一定都是天才。因此，教育工作者应该从当下做起，根据学生的特点，为他们创造充分发挥自我潜能的环境，让学生不错过人生的每个成长阶段，踏踏实实地走向成功。

2. 人无全才，表现在个体智力发展的早晚

同一个人，其智力发展的速率在不同的时期是不同的。有的人较早表现出智力发展优势，属早慧儿童；有的人智力发展优势出现较晚，属大器晚成者。因此，教师应该改变思维定式，全方位、多角度、多层次地分析、研究、判断教育对象的发展趋势，要用发展的眼光看学生。学生的发展是有可塑性的，撇开遗传因素不谈，人的发展还受生活经验、思想观念、行为方式、环境影响等诸多因素的制约，并一直处于不断消长起落的变动之中，教育者应首先承认这点。

（三）相信人人成才，才会为学生成才开辟道路

人人都可以成才的观念是科学人才观的中心部分，提示了科学人才观的主要内容和特点。树立科学的人才观，一方面要明确人才的内涵和衡量人才的主要标准，另一方面又要充分认识人才成长的主要途径。

人才的内涵和衡量人才的主要标准直接影响着学校培养目标的设定，影响着教师的学生观，影响着教学内容与方法的选择，影响着教育教学质量的评价。因此，教师对"什么是人才""衡量人才的标准是什么"要有一个理性的认识。教师只有全面、正确地理解、把握"人人成才"的意涵，才能以科学的人才观指导我们的教育教学工作。

1. 人才是具有一定的知识或技能

能够进行创造性劳动，能为物质文明、政治文明和精神文明建设做出贡献的人，这里所说的"人才"，有别于"英才"，更不同于"人上人"，具体从以下方面探讨：

（1）人才具有多种表现形态，从其表现程度来看，有显人才和潜人才之分；按贡献大小则分为一般人才和杰出人才；根据学识范围可分为专业人才和通才；根据人才发展的进程来分，有早熟型和晚成型人才；根据职业特点来分有科学、管理、文学、艺术、体育、教育等方面的人才，英才不限于某些特定的领域、特定的行业。每个行业都需要高级人才，也能产生行业精英。如今，我国既需要发展知识密集型产业，也依然需要保留大量劳动密集型产业。社会信息激增，知识浩如烟海，每个人的时间和精力却极为有限，这就决定了现代部门的组织结构，往往需要各个不同领域的人才相互组合。

（2）英才是人才，是较高层次的人才。一个国家、一个社会需要多种多样的人才，既需要一批高、精、尖的精英，同时也需要一大批中初级技术人才，更需要难以计数的懂文化、懂技术、肯实践的劳动者和建设者，这就是通常所说的人才"金字塔"模式。社会发展既要有一流的科学家、教授等，更要有高素质的工人、厨师、飞机驾驶员等高技能人才。基于此，教师教育学生，指导学生成才，"精英"意识不可多，平常之心不可无。要让学生享受应有的快乐，成为一个身体、心灵、智能都健康的人，这才是一个教师应有的、也是最好的心态。

（3）人才不只是"人上人"。人才应当是具有一定的知识或技能，能够进行创造性劳动，为物质文明、政治文明和精神文明建设做出贡献的人。如果这样来定义"人才"，那么，"人人成才"是可以实现的。随着社会用人制度的改革，任何社会成员，只要具备了兢兢业业的事业心、主人翁的责任感、团结合作的精神、终身学习的能力，通过勤奋努力工作，就能在各自领域中做出成绩，就能够赢得社会的尊敬。

2. 衡量人才的标准，是素质的高低、业绩的大小

（1）把德视为一个人成才的关键因素。人才，是"人"在前，"才"在后。要想成才，必先成人。读书是重要的，但永远是第二位的，做人才是第一位的。

建立社会主义市场经济体制、实现社会主义现代化，关键取决于国民素质的提高和人才的培养。对于各类人才综合素质的基本要求，社会各用人部门的反映具有高度一致性。无论何种岗位，无论职务高低，都需要具备宽厚的基础知识、系统的专业知识、灵活的思维方式和较强的动手能力，更需要高度的事业心、责任感、合作精神及沟通能力，而后者显然已成为从业上岗的普遍性要求。事实说明，"学会做人""学会做事""学会合作"

"学会学习"等要求，已经成为学生走向社会、服务社会的基础条件。那种有知识、缺文明，有学问、缺教养，有理想、缺实践的人，显然无法获得社会的认可与欢迎。

（2）确立"能力导向"与"业绩导向"的标准。如今，社会发展更加注重人才的素质，注重人的全面发展。同时，要在坚持德才兼备的原则下，把品德、知识、能力和业绩作为衡量人才的主要标准，不唯分数，不唯学历，不唯职称，不唯资历，不唯身份，不拘一格选人才，从源头上扭转片面追求学历和论资排辈的不良倾向。这样，既能为广大青少年开辟广阔的成才天地，又可以缓解学生的学业压力，也有助于中国社会走向和谐发展之路。

（3）人才不等于高分数、高学历。

第一，人才不等于高分数。在"应试教育"模式下，一切以考试分数论英雄，认为分数高就是人才或有望成为人才。在这种思想指导下，考试分数成为衡量学生发展状况的试金石，各种考试分数在教育评价中的作用尤为突出。为此，有些家长对孩子的教育，只重智育，只重分数。

现代教育应该训练学生获取知识的能力。一旦离开学校，许多人就会意识到，仅仅有好的分数是不够的，在校园之外的现实世界里，有许多比分数更为重要的东西，人们常将这些东西称之为"魄力""勇敢""毅力""灵气""坚强""精明""才华横溢"等，这是比分数更能从根本上决定人们未来的因素。学校教育在一个人一生的活动中真正起能动作用的，主要不是他在学习期间考卷上曾回答出的东西，而是他在整个受教育过程中积累并形成的稳定的品质。

第二，人才不等于高学历。文凭在许多场合成了决定人才的关键要素，甚至被看成唯一因素。文凭和人的价值之间确实存在着非常密切的关系，即随着教育程度的递增，人的知识、视野、思维等方面都得到了较大的增长。高学历者更可能成为高素质的人才，这是毋庸置疑的，但高学历不等于高素质。

在科学技术日新月异的时代，从业者不能只有学历文凭，更需要有善于发现、判断、解决、策划问题的能力。悟性与灵气、觉察力与判断力、创造激情与冒险精神，以及与团队紧密协作的能力，不一定是持有较高学历文凭的人所独具。

第三节 现代教育中的课程体系分析

一、现代教育中课程体系的不同层级

(一) 课程体系不同层级的应然

第一，学校的整体课程体系不仅包括国家课程、地方课程还包括校本课程，三者共同构成了学校完整的课程体系。校本课程弥补了国家课程、地方课程的不足；反之，国家课程、地方课程又为校本课程的开发提供了有利的指导，三者是一种互补的关系，并存于学校的整体课程体系中。

第二，就建设的路径而言，校本课程开发既包括国家课程、地方课程校本化实施，也包括学校自己开发的课程。通过国家课程、地方课程的调适、整合、创生等方式，构建校本课程。所以，国家课程、地方课程与校本课程是不可独立存在的，它们需要统一构成学校的整体课程体系。

(二) 课程体系不同层级的规划

现代学校的课程规划主要指的是对本校的课程设计、实施和评价进行全面的计划。在建设学校的课程时，先要对学校的课程做出整体的设计与规划，确定学校课程建设的目标，开设哪些课程，如何设置这些课程，如何建设这些课程等。从学校课程的规划方案中，了解课程的时间安排，课程内容的选择，教师的配置，场地的需求等。学校的课程规划是沟通课程改革理论与现实的一座桥梁。

整体规划学校的课程，不仅有利于学校的实际教学情况与国家课程、地方课程的有机结合，而且有利于学校的成员通晓学校需要提供给学生具体的课程。基于现代学校的教学课程建设是国家课程、地方课程与校本课程的有机融合和高度统一，满足学生发展的需求，致力于建设学校层面的整体课程体系，是三级课程整合后形成的具有教育意义和影响力的经验载体总和，其规划，不仅有校本课程的规划，还有国家课程与地方课程在学校层面的设计和安排，既包括学科课程规划、综合实践活动课程规划，也包括学校课程发展愿景规划和设计。

（三）课程体系不同层级的方法

1. 课程整合

课程的整合指超越不同知识体系而以关注共同要素的方式安排学习的课程开发活动。为了减少知识的分割和学科间的隔离，把受教育者所需要的不同的知识体系一联结起来。换言之，就是融合学科间的知识，改变原有的课程结构，合理安排课程，创立综合性课程文化。本书的课程整合主要是把国家课程、地方课程与校本课程的共同要素相结合，构成一个新的整体。课程整合的方式多种多样，具体包括三个方面：①学科内课程整合，即把教材的顺序或者内容做调整、筛选，形成新的本学科的基本知识与基本技能的学习系统，优化教学资源；②学科间课程整合，即将不同学科的共同知识点与技能相结合并进行运用，加强学科间的联系；③学生本位的课程整合，即根据学生的需要，以学生为本，将国家课程与校本课程有机地联系起来，以便满足学生的需要，培养学生的兴趣。

2. 课程创生

"创生"就是在国家课程、地方课程与校本课程的框架下开发新的课程单元或板块，促进学生个性特长的发展和素质。基于现代学校教学的课程建设是一种超越国家课程、地方课程与校本课程的体现，是向高水平的跃迁。

课程的创生，首先，学校要了解国家课程、地方课程与校本课程的理念、特点和课程结构，不能与国家课程、地方课程与校本课程基本理念相悖；其次，学校需要了解教师基本状况、学生的基本特点、条件资源、办学传统等相关要素；最后，校长和教师要有课程创新的意识，具备良好的先进的教育理念、教育智慧和一定的课程开发能力。

通过灵活地调整和创造国家课程、地方课程与校本课程三者有机融合的体系，构建合理的课程体系，满足学生发展要求。

二、现代教育中课程实施的创生取向

课程实施是指把课程计划付诸实践的过程，它是达到预期的课程目标的途径。在课程实施过程中，存在着不同的实施取向。课程实施取向是指对课程实施过程本质的不同认识以及支配这种认识的相应的课程价值观。就目前而言，人们普遍认同课程实施取向具有忠实取向、适应或改编取向及创生取向这三种取向。

课程忠实取向又称程序化取向，就是把课程实施看成是"忠实地"执行课程设计者的意图，以便能达到预定的课程目标的过程。适应或改编取向又称互调适取向，就是把课程实施看作课程方案的使用者和学校情境之间的相互适应，主张根据学校的实际情况，在课程目标、内容、方法组织形式等方面对课程方案进行调整和改革。创生取向就是把课程实施看成是课程方案使用者的师生结合具体情境，创造出新的教育经验的过程。在此过程中，设计好的课程方案仅仅是师生进行或"创生"的脚手架，从而使课程在促进教师和学生的发展的同时，也促进了课程的发展。以上的三种课程实施取向说明课程在具体实施过程中的差异，它们的价值在不同的教育情境中会有不同的价值体现。

三、现代教育中课程体系的合力建设

基于现代学校教学的课程建设，是学校最大化发展课程的一种方法，要充分利用学校的有利条件，整合学校内外部资源。可以按功能的特点把课程资源分为条件性资源与素材性资源，其中条件性资源包括学校的人力、物力、设备和设施等，是形成课程本身的间接来源，在很大程度上决定了课程实施的范围和水平；素材性资源包括知识、技能和经验等，主要作用于课程，是课程本身的直接来源，能够成为课程的来源或素材。

合理利用学校的有利资源，需要充分发挥校长与教师的课程领导能力，将国家课程、地方课程与校本课程有机结合，构建适合本校发展的课程。基于学校的课程建设不是学校自己的事，需要加强与校与校、校与专家、校与社会的联系，形成课程建设的合力，具体如下：

第一，学校与学校之间的合作建设课程。横向学校之间的合作，指一些教育方向与宗旨相近、空间区域跨距较小、课程资源大体相同或互补的学校相互联合起来，通过互补整合式、流线作业式、合作交叉式来进行建设。

第二，学校与专家的合作。专家们具有丰厚的理论知识，可以为学校的课程建设提供有效的指导；与此同时，学校也可以为专家提供理论与实践相结合的场所。学校在课程建设时，课程专家定期向学校提供宝贵的建议和意见，并对其进行指导。

第三，学校与学校内部人员的合作——与校长、教师及学生的合作。基于学校的课程建设始终坚持"以人为本"，了解师资的基本情况及学生的发展要求，构建适合学校及学生发展的课程。

从统整课程不同层级、到践行课程实施创生取向再到合力建设课程，它们之间相互联系、相互支撑、环环相扣。基于学校的课程建设，优先从学校的真实情况出发，全面了解学生的需求及教师的能力，从整体上规划学校的课程建设活动，为学校课程建设提供良好的基础理论，并为其建设指明方向；规划好学校的课程建设蓝图之后，根据其规划的方案，通过课程融合、课程创生的方式使得国家课程、地方课程与校本课程有机融合和高度统一，合理统整学校的课程。学校课程体系整后，进行创生性的实施课程，教学是沟通课程理论与现实的桥梁。通过教学活动，探索出国家课程、地方课程与校本课程的异同点，促进三者的融合。

学校的课程建设与课程实施离不开校长、教师、学生及课程专家的参与、支持，在学校课程规划的方案下，合力建设学校的课程，建立有效的合作机制，促使学校的课程最大化发展，更能符合学生的发展要求。基于学校的课程建设不是一件简单的事情，需要三种途径的相互配合，共同作用于学校的课程建设之中。

第四节　现代教育中的相关理论阐释

运用教育技术的思想解决音乐教学问题，需要先对现代教育技术的理论构成有清楚的认识。现代教育技术的理论基础也是教学过程的性质和规律，是教学理论着重研究的内容，古今中外众多教育学家的研究成果形成了丰富的现代教育技术基础理论，这些理论都对现代教育技术的发展产生了直接的影响。

一、传播理论

"传播"一词，译自英语"Communication"，也有人把它译成"交通""沟通""传意"等。这个词来源于拉丁文"Communicare"，意思是"共用""共享"。

教育技术与传播理论有着密切的关系，因为教育教学活动也是信息传播活动，也有信息传递与交流的过程，教育者、学习者、教学内容、教学媒体等要素是靠信息的交流才构成完整的教学系统。为了更加有效地传递信息，需要研究教育信息的传播规律，因此，传播理论成为教育技术的又一重要理论基础。

传播学者在研究传播过程时将传播过程分解成若干要素，然后用一定方式研究这些要素之间的相互联系与相互作用，这样就构成了多种多样的研究传播过程的模式。下面探讨具有代表性的模式：

（一）"5W"模式

拉斯韦尔的"5W"传播理论是传播研究中最有名的描述传播行为的一个简便方法，即回答下列五个问题：谁（Who）、说什么（Say what）、通过什么渠道（Which channel）、向谁说（To whom）、产生什么效果（With what effect）。

拉斯韦尔的"5W"模式对传播过程进行了简明的概括，提出了传播过程的五个要素即传播者、信息、媒介、受传者和传播效果，并据此提出了传播学研究的五大内容：第一，控制分析。研究"谁"，即对传播者和信息来源的组织背景进行研究，进而探讨传播行为的原动力。第二，内容分析。研究"说什么"，即对传播内容（信息）进行研究。第三，媒介分析。研究传播通道，即对不同传播媒体进行研究，包括对媒体性能的研究、对媒体与传播对象的关系的研究等。第四，对象分析。研究受传者，了解其一般的和个别的兴趣、需要等。第五，效果分析。研究传播活动对人的态度、价值观和行为等所产生的影响。

拉斯韦尔的"5W"模式为传播研究提供了简明的五要素分类法，初步揭示了传播过程的复杂性，受到了广泛的重视和应用。但它也有明显的缺陷：首先，它忽略了"反馈"的要素，它是一种单向的而不是双向的模式；其次，这个模式没有重视"为什么"或动机的研究问题。

（二）香农-韦弗模式

信息论创始人香农和韦弗于 1949 年在研究电报通信问题时，在《通信的数学理论》一书中提出了一个传播的数学模式，这个模式的最早版本是单向直线式的，但是很快他们又在这一模式中加入了反馈系统，并引申其含义，将通信原理运用于人与人之间的信息交流，从而对后来的传播模式产生了重大而深远的影响。

明确模式把传播过程分解为七个要素，具体过程解释为：从信源中选择准备发射出去的信息，这一信息经过发射器的编码转换为信号，信号通过一定的传递通道传送出去，在接收端由接收器接收信号，并将其转变为信息，最后由信宿（接受者）接受利用。接受者在收到信息后，必然会产生某种反应，并通过各种形式反馈给传播者。另外，在传播过程中还存在干扰信号（来自信道的噪声）。

（三）贝罗的传播模式

贝罗传播模式综合了哲学、心理学、语言学、人类学、大众传播学、行为科学等新理论，去解释在传播过程中的各个不同要素。这一模式把传播过程分解为四个基本要素：信源、信息、通道和受传者。贝罗模式也叫 SMCR 模式，S 代表信息源 Source，M 代表信息 Message，C 代表通道 Channel，R 代表接受者 Receiver。贝罗模式明确而形象地说明了影响信息源、接受者和信息实现其传播功能的条件。

1. 信源

信源也可以是编码者。研究信源和编码者，需要考虑他们的传播技术、态度、知识水平、所处的社会系统及自身的文化背景等。

2. 受传者

受传者也可以是译码者。在传播过程中，信源（传播者）也可以变为受传者，受传者也可以变为传播者——信源，所以影响受传者与译码者的因素与传播者、编码者相同，都包含传播技术、态度、知识、社会系统与文化等要素。

3. 信息

影响信息的因素有符号、内容、成分和结构。符号主要包括语言、文字、图像与音乐等。内容是为达到其传播目的而选取的材料，包括信息的成分与结构等要素。

4. 通道

通道是传播信息的各种工具，如各种感觉器官，载送信息的载体等在传播过程中，信息的内容、符号及处理方式均会影响通道的选择。例如，哪些信息适合于语言传送，哪些信息适合于视觉方式传送，哪些信息适合于触觉、嗅觉、味觉方式传送等。

贝罗的传播模式比较适合用于研究和解释教学传播系统的要素与结构，SMCR 相当于教师、课业、手段和学生。

（四）奥斯古德-施拉姆模式

双向循环传播奥斯古德-施拉姆循环模式是施拉姆在奥斯古德的基础上提出来的，这一模式突出了信息传播过程的循环性，传递了一种观点：信息会产生反馈，并为传播双方所共享。另外，该模式更强调传受双方的相互转化，这是对以前单向直线模式的另一个突破之处。可见，该传播模式的出现打破了传统的直线单向模式。

双向循环传播模式的缺点是未能区分传受双方的地位差别，因为在实际生活中传受双方的地位很少是完全平等的。此外，这个模式对大众传播过程不能适用，它更适合人际传播尤其是面对面的传播。该模式强调传者跟受者要想进行有效的沟通，双方必须建立在一个共同的经验背景（或知识）基础上，即传播者跟受众必须有共同的经验范围"共同经验区域"，彼此才能沟通。该模式的缺陷是认为传播者和受众完全对应、平等。

二、学习理论

存在于世界中的人类主要从事两类活动：一类是改造客观世界的活动；另一类是改造

自己主观世界的活动。主观世界得到更好的改造，可以让改造客观世界的活动更加具有意义和发展性，而改造主观世界的活动就是我们今天所说的学习。教育技术是强调如何让媒体技术更好地促进"教"这个活动，为了实现教，就要更好地研究学。现代教育技术学科得以建立和发展，离不开学习理论的支持，学习理论为此做出了重要的贡献。以下探讨较重要的几个学习理论：

（一）认知主义学习理论

认知心理学家探讨学习的角度与行为主义者相反。他们研究得出，是个体作用于环境，而不是环境引起人的行为。环境只是提供潜在的刺激，至于这些刺激是否受到注意或被加工，取决于学习者内部的心理结构。学习是学习者根据自身已有经验，对外部信息进行加工处理，形成认知结构的过程。

认知主义认为，人的认识不是由外界刺激直接给予的，而是外界刺激和认知主体内部的心理相互作用的结果。

根据这种观点，学习过程被解释为每个人根据自己的态度、需要和兴趣，利用过去的知识与经验对当前工作的外界刺激（如教学内容）做出的主动的、有选择的信息加工过程。教师的任务不是简单地向学生灌输知识，而是首先激发学生的学习兴趣和学习动机，然后将当前的教学内容与学生原有的认知结构有机地联系起来；学生不再是外界刺激的被动接收器，而是主动地对外界刺激提供的信息进行选择性加工的主体。

认知主义学习理论强调认知结构和内部心理表象，即学习的内部因素，这与行为主义学习理论只关注学习者的外显行为，无视其内部心理过程有很大的不同。认知主义学习理论突破了行为主义仅从外部环境考察人的学习的思维模式，从人的内部过程即中间变量入手，从理性的角度对感觉、知觉、表象和思维等认知环节进行研究，把思维归结为问题解决，从而找到了一条研究人的高级学习活动的途径，抓住了人的思维活动的本质特征。

认知主义学习理论的主要代表有格式塔学习理论、托尔曼的符号学习理论、布鲁纳的认知结构学习理论、奥苏贝尔的认知结构同化学习理论、加涅的认知学习理论、信息加工理论等等。

（二）行为主义学习理论

行为主义学习理论是以人类可观察的行为作为主要的观测元素，认为人的行为是对外界刺激的反应，学习的获得就是形成刺激和反应的联结和联想，而强化则是促进这种联结的重要手段。因此，行为主义学习理论注重外部环境的作用，强调在"刺激-反应"过程中"强化"的必要性。

1. 桑代克的联结主义学习理论

联结主义学习理论又称联结说或试误说，该理论具体包括以下内容：

（1）学习是刺激与反应的联结。学习的实质在于形成刺激与反应的联结，即 S-R 联结，这种联结形成的过程是渐进的、尝试错误直至最后成功的过程。

（2）学习过程是试误的过程。在试误的过程中，刺激与反应的关系能否建立，主要依赖于三大法则，即准备律、练习律和效果律。准备律是指刺激与反应的联结因个体身心准备状态而异；练习律是指刺激与反应的联结随学习次数的多少而有强弱之分；效果律是指刺激与反应的联结因反应后果的满意度而有强弱之分。三大法则中，效果律是最主要的。

桑代克的学习理论对教学实践具有一定的指导意义，为各种教学情境的安排、重复练习和操练的使用、奖励措施的使用提供理论指导。

2. 斯金纳的操作学习理论

在教育技术领域，美国心理学家斯金纳是备受推崇的学习理论先驱之一。

斯金纳通过实验发现，动物的学习行为是随着一个起强化作用的刺激而发生的，他把动物的学习行为推广到人类的学习行为上，进而创立了操作性条件反射学说和强化理论，并把它们应用于人类学习的研究，提出了程序教学的概念，总结为以下教学原则：

（1）积极反应原则：程序教学不主张完全用教师授课的方式进行教学，而主张以问题的形式，通过教学机器或教材给学生呈现知识，使学生对一个个问题做出积极的反应。

（2）小步子原则：将教学内容按内在的联系分或若干小的步子编成程序。材料一步步地呈现，步子由易到难排列，每步之间的难度通常是很小的。

（3）及时强化原则：在每个学生做出反应后，必须立即告知学生结果，也就是及时强化学生反应。

（4）自定步调原则：以学习者为中心，不强求统一进度，鼓励每一个学生以他自己最适宜的速度进行学习。当然这一原则是以个别化教学方式为基本条件的。

（5）低错误率原则：要求在教学过程中尽量避免学生出现错误的反应，过多的错误会影响学习者的情绪和学习的速度。少错误或无错误的学习可以增强学生学习的积极性。

以上原则为个别化教学、计算机辅助教学设计和教学媒体的应用设计提供了理论依据，在当今的教学设计中仍然起着重要作用。

三、教学理论

教学理论也被称为教学论，是研究教师教学行为及其对学生学习产生影响的各种途径和方法的学科。教学理论主要关注两方面的问题：一是教师的教学是如何影响学生的学习的；二是怎么教才是最有效的，也就是教学策略和教学设计方面的问题。教学理论对于理解现代教育技术与教学之间的关系十分重要。常见的教学理论包括以下方面：

（一）布鲁姆的教学理论

1. 布鲁姆的"掌握学习"教学理论

"掌握学习"是美国教育心理学家布鲁姆在美国学者卡罗尔学校学习模式的基础上创建的。掌握学习教学强调要关心每个学生的发展，让所有学生掌握在复杂社会中求得自身发展所必须具备的知识和技能。"掌握学习"基本理念是只要给学生明确的学习目标、适当的材料和足够的学习时间，所有学生都能学好。采用班级授课与个别化教学相结合的方法，由单元教学目标的设计、依据单元教学目标的群体教学、形成性测验、矫正学习和形成性评价五个环节组成。

布鲁姆的"掌握学习"教学理论将使大多数学生获得发展作为核心思想，注重从某一具体学习任务来分析教学的变量，强调形成性评价，从而使大多数学生达到对课程材料的真正掌握，增强了学习的兴趣，促进了心理健康。因此，该理论受到许多国家教育理论家的关注并以其推动当代教学改革。当然，掌握学习教学理论也存在不足：它偏重认知领域教育目标的测定；对学生独立学习的帮助较小；为了使所有学生达到掌握学习水平，往往需要较多的教学时间。

2. 布鲁纳的发现教学理论

发现教学是由美国著名的认知学派心理学家、教育家杰罗姆·布鲁纳提出。发现教学是指在教师的启发诱导下，学生通过对一些事实和问题的独立探究、积极思考、自行发现并掌握相应的原理和结论的一种教学方法。

发现教学理论理论有利于促进学生内部学习动机的形成，能更好地培养学生的抽象思维能力、发展智力和发挥潜力。发现教学法有利于学生直觉思维、分析思维、批判性思维及创造性思维能力的发展。但适应范围和对象是有限的，并不适用于所有学科或所有学生。

（二）加涅的学习条件理论

学习条件理论是由美国教育心理学家罗伯特·米尔斯·加涅提出的。内部条件指的是学习者本身在学习前所具有的最初的能力、经验或已有的知识；外部条件则是指由于学习内容的不同而构成对学习者不同的条件。为学生的学习提供合适的外部条件就是教学的基本任务。好的教学应该使外部条件和内部条件的提供都经过计划安排，做出相应的教学设计。

加涅主张教学过程应由九个教学事件构成：引起注意、告诉学习者目标、刺激对先前学习的回忆、呈现刺激材料、提供学习指导、诱导学习表现（行为）、提供反馈、评价表现、促进记忆和迁移。同时还指出，这九个教学事件的展开是可能性最大、最合乎逻辑的顺序，但也并非机械刻板、一成不变的，应根据学生的特征适当选取需要的教学事件进行教学设计。

总体而言，现代教育技术的发展需要在各种理论的指导下进行。有效地将现代教育技术应用于课堂教学实践，能使人们加深认识教学理论和学习理论的内涵。

四、视听教育理论

19 世纪末，科学技术的发展引发全世界各领域的巨大变革，教育领域也不例外。当时，照相技术、幻灯技术、无声电影技术等新媒体技术在教育和教学中的应用，取得了极大的效果。正是由于媒体技术的广泛运用，从而兴起了视听教学运动，这是教育发展史上的重要时期，这一时期所形成的视听教育理论对当时的视听教学运动和当今的教育技术应用都具有重要意义，也是教育技术的重要理论基础之一。

视听教育理论指出了各种视听教学媒体在教学中的地位与作用，主要研究如何根据人类的视、听觉功能和特点来提高视听媒体在教育传播中的效果，是教育技术必须遵循的重要规律和所依据的基础理论之一。

（一）视觉感知规律

现代神经生理学证实，在人眼视网膜上存在红、绿、蓝三种感色细胞，人眼的彩色视觉就是由这些感光细胞提供的三种颜色视觉合成的综合结果。一般而言，人眼对光谱极为敏感，对波长为 555 纳米的光的灵敏度最高，而在这个峰值两侧，则随着波长的变化，人眼对光的灵敏度逐渐减少，逐渐下降至零。

此外，人眼还会出现亮度感觉滞后于实际亮度的情况，即视觉惰性，也称为视觉残留。人眼的视觉残留时间一般为 0.1 秒，它最早在电影技术中得到应用：由一幅幅稍有变化的画面以一定速度，快速而连续出现，就得到了连续的活动景象的感觉。

第一，心理趋合。心理趋合是指人们利用想象力去填充实际在画面中并没有见到的空间，这是由于知觉具有整体性，即在直接作用于感官的刺激不完备的情况下，人根据自己的知识经验，对刺激进行加工处理，使自己的知觉仍保持完备性的特性。

第二，画面均衡。画面均衡是人们对画面表现主题的一种形式感觉，是产生画面稳定感的因素。这种均衡有时仅仅是视觉感受上的，但大多数是经过人们的思考和想象所达到的一种心理上的平衡感。

均衡有对称均衡和非对称均衡两种形式。对称均衡的画面主题居中、稳定感强，符合人们的视觉习惯，但是会给人一种单调的感觉；非对称均衡则是指两个不同的物体拥有相同的视觉重量或者视觉吸引力，非对称均衡如果在教学中运用恰当，能很好地吸引学生的注意力。

（二）听觉感知规律

人对声音的感知有响度、音调和音色三个主观听感要素。人的主观听感要素与声波的声压、频率和频谱成分之间既有紧密的联系，又有一定的区别。在日常生活中，人耳会产生一些听觉效应，具体从以下方面探讨：

第一，掩蔽效应。所谓人耳的掩蔽效应，是指一个较弱的声音被一个较强的声音所影响的现象。掩蔽效应在生活中很常见。例如，当教室外有较大的噪声干扰时，教师授课就需要很大声，学生才能听清，这是因为外界的噪声将教师的话音掩蔽，噪声成为掩蔽声，教师的话音成了被掩蔽声。

第二，双耳效应。人的双耳位于头部的两侧，当声源偏离两耳正前方的中轴线时，从声源发出的声音到达左、右耳的距离存在差异，从而导致声音到达两耳的时间、相位也存在差异，这种微小的差异被人耳的听觉感知并传导给大脑，与已有的听觉经验相比较、分析，得出声音方位的判断，这就是双耳效应。

第三，耳廓效应。人耳的轮廓结构比较复杂，当声源的声波传送到人耳时，不同频率的声波会因耳廓形状的特点而产生不同的反射。反射声进入耳道与直达声进入耳道之间会产生时间差（或相位差），这种效应称为耳廓效应。

（三）"经验之塔"理论

在视听教育领域，美国视听教育家爱德加·戴尔于 1946 年出版了《视听教学法》一书，提出了"经验之塔"理论。该理论对美国和世界的视听教育理论产生了深远的影响。

1. "经验之塔"的具体内容

"经验之塔"大致可分为做的经验、观察的经验和抽象的经验三部分。

（1）做的经验。做的经验主要包括三个方面：第一，有目的的直接经验是指直接与真实事物本身接触所取得的经验，即通过直接感知获得的信息和具体经验，从而积累知识，实现学习，这部分是指"塔"的底部直接和具体的经验；第二，设计的经验是指通过模型、标本等学习间接材料获得的经验；第三，参与活动的经验是指有些事情，无法通过直接实践来获取经验，而是通过活动的参与。上述三个层次的经验都是通过亲自实践，从"做"中获得经验，是一种具体的经验。

（2）观察的经验。观察的经验主要包括五个方面：第一，观摩示范给人提供的是一种观察的经验，在教学过程中，可以采取观摩的方式，看别人的示范，然后再操作；第二，野外旅行可以为学习提供直接的生活体验效果；第三，参观展览能使人们通过观察获得经验；第四，电视和电影中的事物是真实事物的替代，通过看电视或看电影，可以获得种间接和替代的经验；第五，静态画面、广播和录音，可以分别提供听觉与视觉的经验。总体而言，这些媒体传播形式可以为没有文字阅读能力的人提供学习的机会，发挥更好的效果和效益。

（3）抽象的经验。视觉符号和言语符号都是抽象经验的获取途径。视觉符号主要指图表、地图等类型的抽象符号，这些符号与现实事物没有多少类似之处，已看不到事物的实在形态，是一种抽象的代表；言语符号包括口头语言与书面语言的符号，是一种抽象化的代表事物或观念的符号。言语符号位于"塔"的顶端，抽象程度最高，但在具体运用时需要与"塔"的其他层次相联系来发挥作用。

2. "经验之塔"的研究要点

（1）"塔"底经验。"塔"的最底层的经验最具体，学习时最容易理解，也便于记忆；越往上越抽象，越易获得概念，便于应用。各种教学活动可以依其经验的具体或抽象程度，排成一个序列。

（2）学习方法。教育应从具体经验入手，逐步进到抽象，有效的学习方法应该首先给学生丰富的具体经验。

（3）教育升华。教育不能满足于获取一些具体经验，不能过于具体化，而必须向抽象和普遍发展，上升到理论，发展思维，形成概念。

（4）替代经验。替代经验位于"经验之塔"中层的视听教具，较之语言、视听符号更能为学生提供较为具体的和易于理解的经验，是替代经验。它能冲破时空的限制，弥补学生直接经验的不足，且易于培养学生的观察能力。

"经验之塔"理论所阐述的是经验抽象程度的关系，符合人们认识事物由具体到抽象由感性到理性、由个别到一般的认识规律，它不仅是视听教育理论的基础，也是教育技术的重要理论之一。

第二章 现代教育理念与学习模式

第一节 智慧教育与现代教育理念的契合

由现代技术群及平台、知识资源库、教育过程、教育者与受教育者和教育管理体系共同构成智慧教育。智慧教育对传统教育构成巨大挑战，彻底解构了传统教育的统一性和时空边界，其内在的结构为教育者与被教育者的主体性实现、平等性互动、智慧潜能开发，及为现代教育理念的实施提供了技术和工具支撑。现代教育理念在智慧教育的自我展开中自发自觉地实现。智慧教育预示未来教育逐渐向全球化、个性化和核心价值观引领的方向发展。

"智慧教育的内在构成客观上嵌入现代教育理念，智慧教育与现代教育理念随着时代发展走向契合。"①

一、智慧教育的构成与要素分析

（一）智慧教育的文字构成

目前，智慧教育逐渐进入人们的视野，从文词构成上看，智慧教育就是关于"智慧"的教育，就是培养和提升受教育者聪明程度和智慧能力的教育。美国学者霍华德·加德纳的"各式各样的智能和智能组合"、印度哲学家克里希那穆提的"唤醒智慧"、中国学者靖国平的"能力"与"智力"等，都体现了"智慧"教育的内涵。从本质上看，智慧和道德的传承、展开与创新本身就是"教育"的基本内容。因此，在中文语境中，没有"智慧"做定语的"教育"仍然具有"智慧"传承的内涵。换言之，关于以"智慧"为目的和内容的"智慧"教育和"教育"两个词实际上是同一范畴。因为任何教育都具有"智慧"教育的功能，所以，"智慧教育"不是关于"智慧"的教育，而应该另有他意。

---

① 曹延汹、吕丽莉：《论智慧教育与现代教育理念的契合》，《教育探索》2017 年第 2 期，第 22 页。

"智慧教育"并非源于中文构词习惯；相反，它来自西方语言习惯。有人概括"智慧教育"的英文表达主要是三个词组："Wisdom Education""Intelligence Education""Smart Education"。前两个词组是将该词进行英文翻译为中文后的再一次英文翻译的结果。"Smart Education"才是国际上通行的固定术语。因此，准确把握中文的"智慧教育"必须从英文的原词"Smart Education"开始。

虽然"Smart"具有"智慧"的意思，但是将"Smart"放在整个现代语境下，该词应该翻译为"智能"，"Smart Education"应翻译为"智能教育"。虽然"Smart Education"被翻译为"智能教育"较为准确，但"智慧教育"的抢先使用却使之成为一个固定概念。

（二）智慧教育的核心要素

人类追求自由的目的构成技术进步的动力；反之，技术进步又拓展了人类自由的空间。现代智能与信息技术对现代社会包括教育在内的所有生活都构成巨大冲击。借助现代技术，教育已经从传统的、简单的、稳定的教育者与被教育者的二元关系转化为二者随时的角色瞬间转化和错位。在网络空间中，参与者隔着时空时而是教育者，时而是受教育者。技术平台、文化资源与作为主体的人融合在一起构成一个能动的"教育生命体"，此即智慧教育。每个个体的"人"只是这一"教育生命体"的"神经元"而已。

从不同层面看，智慧教育的构成是不同的。从整个社会的层面看，即广义上讲，智慧教育的构成要素包括现代技术群及平台、知识资源库、教育过程、教育者与受教育者（所有生存在现代技术环境的人）和教育管理体系。广义教育的本质就是人类生存本身，就是人类自我传承与发展，这种教育发生在包括"吃、穿、住、行"在内的所有生命过程中的每一环节。

从宏观上看，广义智慧教育就是人类社会在技术高度发达的现代社会背景下，通过技术、知识资源、人和管理系统的融合，实现韩愈所说的整体社会的"传道、授业、解惑"。这种教育就是每个个人或团体在高度技术化的社会中，按照自己的愿望、兴趣和个性，在核心价值观引领下，通过普及的技术平台（网络平台）快速获取和拓展各类知识的过程。人们不但能在教室、实验室和图书馆等传统的教学空间里，而且能在田间、马路、工地、车间、车站、码头、港口、机场、地下、海洋、空中（包括宇宙空间）等非教学空间获得知识，受到教育；不但能在限制的时间内，而且能在一天24小时内获得相关信息与知识。

从微观层面，狭义智慧教育就是智慧教学，就是现代技术与学校教育的融合。智慧教学的构成要素包括现代教育技术、知识资源（包括公开课）、教学过程、教师、学生和学校管理体系。相对于广义智慧教育自发自展特性，智慧教学能体现国家、社会、学校和教师企图将技术与教学整合为一体的主观目的。因此，教育者（包括管理者）进行的"信息化学习空间""智慧研创室""教学反思智能模型""智慧教育环境的系统模型""智慧型课程""智慧课堂""智慧学习空间"的建设与设计都是智慧教学的具体体现。

二、智慧教育下的现代教育理念

智慧教育是现代科学技术高度发展的结果，现代教育理念是教育自身本质的反映，是教育规律的客观要求。智慧教育和现代教育理念的路径不同，但二者却存在共同点，甚至存在内在的逻辑关系。

（一）由传统教育思想到现代教育理念取向

现代教育理念是在对传统教育思想进行彻底批判的基础上建构的新理念。传统教育思想主张教育者与被教育者的关系为主动与被动、上层与下层、灌输与被灌输、权威与非权威的关系。现代教育理念主张：第一，教育者与被教育者之间是平等的、互动的、对话讨论式的和角色交替式的主体间关系；第二，教育的目的不仅是知识的简单传授与应用，还是对现有知识的批判和对未知世界的揭示与创新；第三，被教育主体能够面对全方位的、多维的、开放性的、全面发展的知识体系，做出个性化的选择；第四，受现代教育理念熏陶的教育主体具备能够采用多样性方法和手段实施"动态性、过程性、建构性和理解性"的教学。在具体的学校教学中，现代教育强调"教"与"学"的平等性，尊重学生的主体性。教师的任务是根据教学大纲和教学目的，利用现有的设备和技术条件设计教学过程和情境，引导学生学会发现问题和解决问题。学生在自行克服困难中不得不求助于相应的技术和知识支撑，从而在潜移默化中掌握知识，挖掘智慧潜能，提高创新能力。现代教育理念主张把"教"与"学"设计成一个充满欢乐、虽累但乐而不疲的过程。

（二）智慧教育对传统教育发出的挑战

所有生命系统既是一个本能存在的，又是一个智慧传承的体系。进一步说，它是一个"自我繁殖、自我供养、自我教育、自我管治、自我治愈、自我运行的共同体"。人类作为一个特殊的生命系统，当然是"自我教育"的典范。人类自身的发展史就是一部人类的教育史。依据教育介体（手段与工具）人类教育从远古到现在有几次伟大的跨越。第一次是从行为教育和简单音节教育（动物教育）到复杂语言教育的跨越。复杂语言的产生是人类教育第一次跨越的标志。第二次是从复杂语言教育到文字教育和学校教育的跨越。文字和学校应该是人类教育第二次跨越的标志。第三次是从文字教育和学校教育到印刷术和造纸术带来的大众性教育的跨越。第四次是从传统的教育到现代教育的跨越。现代教育技术是第四次跨越的标志。人类自身技术（例如语言）和外在技术（例如印刷术）的每次飞跃都带来人类教育的巨大跨越。言传身教式的家庭和社会教育与一本教材、一方讲台、一块黑板、一支粉笔、一张嘴的学校教育在现代技术的冲击下，已经发生了较大的改变。

虽然教育的传统精髓和本质还继续存在，但教育的广度、速度、频率、精度是传统教育远不可及的。任何人可以在任何空间、任何时间快速地通过现代技术获得各个层级的教育。任何人可以通过科学技术获得任何网络校园的课程教育。现代社会，如果说人能够熟练地掌握技术，倒不如说科学技术掌握了人。

（三）智慧教育与现代教育理念的有效统一

不论是从广义还是狭义的视角，智慧教育与现代教育理念在核心思想、运作模式、工具与价值等方面都存在一致的地方。第一，二者都坚持以人为本的核心理念。现代教育理念尊重受教育者的主体性，强调"教"与"学"的平等性。第二，二者在具体的运作中，虽然各有侧重，但仍然存在共同点。构成智慧教育的关键要素——现代技术群及平台、知识资源库把教育者和被教育者从时间、空间、速度、层阶、国别和校别等束缚中解放出来，并满足他们之间平等的、对话的和个性化的愿望。智慧教育的这些特点与现代教育理念强调的以人为本、全面发展、素质教育、创造性、主体性、个性化、开放性、多样化、生态和谐和系统性等思想具有很大的契合性。第三，二者表现为工具与价值的关系。智慧教育的前提是现代科学技术的发展及广泛应用，没有现代技术就不会有智慧教育。教育、技术和资源的整合提高了人类对话交流的数量和质量。智慧教育本身虽然存在自身的价值追求，即人的自由性，但其内在"技术"成分和依赖技术搭建的"平台"最终表现为工具理性。现代教育理念最终的目的是"人"，是具有全面的、高素质的、创造性的、主体性的、个性化的和开放性特征的人。因此，现代教育理念内在的追求是价值理性而非工具理性，智慧教育实质上是实现现代教育理念的手段和工具，亦即实现价值理性的工具。

三、在智慧教育中实现现代教育理念

人类教育包括社会教育、家庭教育和学校教育等三种类型。人类从产生开始就已经存在教育，社会教育就是人类最原始、最主要的教育形态，家庭教育和学校教育是从社会教育发展中衍生并分离出来的教育形式。从广义上讲，社会教育包括家庭教育和学校教育；从狭义上讲，社会教育同家庭教育和学校教育并列。智慧教育与现代教育理念的契合在社会教育和学校教育中表现出不同特点。

（一）在社会教育中智慧教育的发展促进现代教育理念更新

现代科技已经渗入现代社会生活的每一个细节，成为每个人生命中不可分割的组成部分。附带着强大技术功能和资源储存功能的电脑、网络、智能手机、网盘和云盘等彻底改变传统社会的生活，使人类社会在极短时间内跨入智慧教育时代。智慧教育的核心是利用具有智能的信息技术，集成和共享人类群体智慧，使每一个学习参与者都能够贡献和分享彼此的智慧，从分布认知走向集体智慧，最终达到共同发展的目标。在智慧教育背景下，社会教育通过现代技术和产品自觉践行现代教育理念。

第一，社会教育的范畴可以扩展到全世界各个角落。现代科技及其产品为人类信息的快速交流奠定了强大的物质基础。在"地球"这一大平台上，人们可以跨越时空进行对话、讨论、信息传递和知识普及，整个物质世界外化出的虚拟"网络世界"和"世界网络"为世界上任何个体的人或组织提供了交流平台和端口。现代技术造就了一个"地球村"，生活在自然界的人不但是国家公民，而且成为世界公民或地球村村民。智慧教育实现了社会教育在人类层面上的广泛"开放共享"。

第二，社会教育的速度更加迅速快捷。现代技术加快了人类的交往速度，电话、电视、网络和快速交通工具使人们能够在瞬间实现大数据交流。

第三，社会教育的模式从单向度到多维度、多端口转化。传统的社会教育表现为空间的局部性、信息传播的低速性和国家主导性等特点。国家主导性必然造成社会教育的自上而下的单向度模式。智慧教育通过现代技术建立"去中心化""去权威化"的主体平等交流平台。社会通过智慧教育平台实现人类多维度互动，这种互动的最基本形式就是"对话"。没有了对话，就没有了交流，没有了交流，也就没有真正的教育。这种互动生成符合社会发展规律的核心价值观，而核心价值观反过来又引领社会教育的展开。从国家控制到社会引领的过渡既是智慧教育在社会教育中的现实反映，也是现代教育的必然选择。

第四，社会教育的媒介发生质的变化。人类的生产、生活、语言、文字和行为是社会教育的最基本媒介。随着人类文化形式越来越丰富，诸如诗歌、小说、戏剧、美术、报刊、书籍、图书馆、广播、电视和电影等作为媒介对社会教育的展开发挥了巨大的促进作用，但是并没有使社会教育发生质的变化，而网络的出现使社会教育从国家可控回归其本质。

第五，庞大的知识储存平台和便捷的搜索功能实现了人们随时随地获得知识与信息的可能。

（二）在学校教育中科学实施智慧教育，落实现代教育理念

相对于家庭教育和社会教育而言，学校教育是所有教育的升级版。没有学校教育就不会有现代科技，也不会有现代社会的进步。近年来，有关智慧教育的学理研究和现代教育理念实践大多是以学校教育为出发点展开的。随着现代科技的飞速发展，学校教育越来越走向智慧教育。智慧教育的核心是智慧教学。智慧教学在科学技术与教育理念的主观追求中共同践行了现代教育理念。与社会教育不同，学校教育仍然是以教师为主导的教育。虽然学生可以通过包括网络、电视及其他各种媒体获得自我感兴趣的杂乱无章的、零散的、多样的知识片段与残缺信息，但是他们还不完全具备正确分析和把握这些知识与信息的价值评判能力与技术甄选能力。

在智慧教育大环境中获得"知识"的学生具备了一种能力，这就是与教师在网络平台上或在课堂上实现高层次的平等对话、交流和辩论的能力。近年来，学界提到的"智慧学习""智慧学习环境""智慧教室""智慧校园""智慧教师""智慧课程"等构成智慧教学的基本形式。依此逻辑，"智慧资源""智慧平台""智慧云"等概念也应该引入智慧教学中。在传统教学中，由于技术上的限制，学生与学生、学生与教师、教师与教师之间为单向的、地域的、局部的、小范围的和面对面的关系。由于年龄、地位、学识等方面的差异必然造成师生之间的不平等性。因此，单向度、人治式、灌输式教学通行于传统教学中。

在智慧教学中，由于智能技术的广泛应用，学生与学生、学生与教师、教师与教师之间的表现为相互的、全球的、全面的、大范围的和无须面对面的关系。学生可以通过网络或相关技术跟自己熟悉的和不熟悉的人共同学习，可以通过智慧资源获得国内外相关名师的智慧课程，可以在智慧教室里与自己喜欢的教师进行线上线下交流。

在智慧教学中，虽然教师仍然是主导，但是此处的师生关系已经突破传统的单向度的师生关系，进而发展为多维的和互动的师生关系。在这种关系中，学生的个性和创造性得到全面而充分的彰显。教师必须顺应现代技术的发展，置身于智慧教学中客观设计自己的角色，摆正自己的位置，正确处理师生关系，将自己转化为"智慧教师"。

从某种意义上讲，智慧教学就是学校和教师有目的地运用智能条件对置身于整个社会智慧教育环境中的学生进行平等对话式、交互提升式的学校教育。在人类进入智慧教育时代之前，学校教育就已经顺应现代教育理念的要求开始全方位改革，但人们的主观愿望与传统教育的惯性之间存在的不平衡始终没有使现代教育理念得以全面贯彻。当人类进入智慧教育时代，学生依赖现代技术及其产品强化和保证了自身的主体地位，实现了师生平等

交流，彰显了学生的个性和兴趣，提升了学生的创新意识时，所有这些在客观上都极大地促进了现代教育理念的落实。

第二节 现代教育中生本论教育思想的渗透

随着素质教育的深入实施，在现代教学中，学生的学习主体地位得以确立，生本论教育思想在现代教育中逐渐被采纳及应用。思想倡导围绕学生，激发学生的学习积极性，是区别于与灌输式教学、师本化教学等教学思想及方法的先进教育理念。生本教育的思想内涵及教育宗旨主要是尊重、理解、依靠学生，通过以调动及提高学生的学习兴趣为切入点，与素质教育有效加以衔接。

"生本论教育思想主张围绕学生来进行教学设计，体现出一种学生为本，生命为本的基本理念，从生本论的本质属性上看，其既属于有效的教学方法，又可视为一种先进的教学观念。"① 生本论教育通过树立学生的学习主体地位，可以使课堂教学更加富于魅力，师生关系趋于和谐。而从生本论的意义看，其在助推现代教育均衡发展，促进教学改革成效等方面作用显著。

一、现代教育中生本论教育思想的渗透原则

生本论教育理念上，现代课堂教学倡导给予学生足够的自主空间，遵循"无为而为"的教学思路，并借助于"先学后教""少教多学""以学定教"等方式，达到构建生本教育课堂的目的。生本论教学思想秉持一切以学生为主的价值观念，将学生看为教育资源及教学对象的统一体，并在课程教学中贯彻"小立课程，大做功夫"的原则。而在教学方法上，又以读、做先行、会、学在前、教、讲在后的原则为指导，激发学生的学习及自主探究意识，培养其终身学习的基本能力。

二、现代教育中生本论教育思想的渗透要点

从生本论教育思想的应用来看，在现代教育中，各类学科教学中都能看到生本论教育理念及方法的身影，例如，语文、历史、思政、数学、英语等。在现代教育中渗透并应用生本论教育思想，要注重通过以上途径，构建出生本教育的课堂体系，然后针对性地在各

---

① 王轶喆：《生本论教育思想在现代教育中的渗透》，《亚太教育》2016 年第 6 期，第 284 页。

个教学环节中运用生本论理念方法。

（一）提高对生本教育理念的认知，完善教学资源配置

在现代教育中融入生本论思想，首先，要在学校内提高师生对生本教育理念的理解及体悟，摆正学生与教师的关系，对生本论教育思想的基本内涵加以准确把握。现阶段，在生本论教育实践中，有的学校并未取得预期显著成效，主要原因就在于学校教学人员对生本教育的理念把握不准所致，将学生好学与教师好教加以混淆，从而偏离了生本教育的初衷。其次，在生本教育教学资源的配置上，各学校教职工要在生本教育思想的引导下，注重对教学课堂的组织设计进行优化，成立"生本教育实践研究小组"，一方面对课堂教学方案及模式进行指导监督，另一方面将生本教育的具体实施科目、实施负责人加以明确，为生本教育的后续开展做好保障。

（二）构建生本教育课堂教学模式，深化学科教学流程

在生本教育课堂教学模式的构建上，教师应摆脱原有的师本位教育理念，打破原有的单调乏味的教学模式，通过完善教学方法和手段，深度挖掘各教学流程的实际教学效果。在课堂教学理念思想上，要本着"寻根""留言""学习及作业前置"等原则，拓展教学课堂的深度和广度，让学生在充分理解及掌握教学目标的前提下，通过自身能动性的发挥，贯通及领悟相应的知识要点。

例如，在"寻根"环节，教师应明白该节课的教学要点，即根是什么，在去粗取精中，将教学的要点和盘托出。如数学中的"不等式证明"内容，教师要在例题及习题中归纳该课的教学重点，通过明确教学思路，让学生掌握解题所用的数学思想，使其能够举一反三。在"留白"环节，教师应给予学生充足的探究及思考空间，在师生交流中碰撞出思想的火花及灵感。如在《斑羚飞渡》教学中，教师应简化一些不必要的教学环节，让学生由此及彼，对课文中涉及的思想进行拓展联想，鼓励学生充分表达其不同见解，让学生从具体的篇目中生发出多样的理解思路。

（三）建设生本课堂后续跟踪反馈机制，提升教学机制

首先，在生本课堂教师团队的素质能力上，要做好生本教育教师人才储备，形成一批教学能力强，素质水平高的生本教师示范队伍，借助其示范引导作用，逐步提高学校各科目生本教学实践比重。其次，在生本教育管理及运行机制上，应构建学校间的交流及共享平台，通过教师间及学校间的生本课堂观摩学习、生本教育优秀课堂录制、生本课堂案例

上传下载等途径，使各科目的生本教学能够有所依循。而在生本教育试点的选择上，应加大对学校教学相对薄弱的环节的试验力度，通过对实施生本教育前后的教学效果及学生素质能力水平提升状况进行对比分析，确定有效的生本教育实施方案。最后，在生本课堂的跟踪反馈环节，"生本教育实践小组"应做好教学督导工作，并与学校的教学管理部门共同探索生本教育实践评价及激励机制，对生本教育开展较好的班级及教师给予一定的奖励，促使学校形成浓郁的生本教育氛围，深化生本教育实施成效。

生本教育是新时期教学改革及素质教育实施下的一种新的教学理念和方法，其在提高学生学习能动性，开发学生学习潜力方面作用显著。在生本教育与现代教育进行融合渗透时，应注重从理念的正确把握、生本课堂模式的完善、生本课堂教学成效跟踪反馈等方面加以强化，以充分发挥生本教育的教学优势。

第三节　基于终身教育理念下的在线学习模式

对终身教育及学习型社会理念的号召，强调了个体学习能力的重要性。在线学习的产生是时代发展的必然结果，而信息产业化的发展催生了在线学习，并且随着社会的发展而不断进步。在线学习作为一种新的学习方式，引起了人们的广泛关注。

在阐述在线学习的定义之前，要先了解在线学习包含的因素：一是必需的资源获取和递送媒体，如网络等；二是必需的在线资源；三是优质的服务，即能够满足广大学习者群体的学习需求，提供他们满意的学习环境。

目前，关于在线学习还没有一个严格的定义，通过搜索文献资料，现将其整理出以下几种：网络化学习，即建立网络教育平台，学员通过网络平台进行学习；网络学习，即学习网络技术条件，其内容包括多媒体传输形成的学习内容、学习经验管理、学习共同体、学习内容开发者和专家；在线学习（E-learning）指适应或引发环境迅速发展变化的方式。综上所述，在线学习就是基于在线资源的一种学习。一般而言，"E"的第一层意义在于强调硬件和先进科技方面，具有电子化的（electronic）、因特网（Internet）、现代性的（Modern）、无纸化的（Paper-less）特点。"E"的第二层意义重点关注软件方面，具有优异的（Excellent）、经验的（Experience）、所有事物（Everything）的特点，也是在线学习当前重视的部分。

一、基于终身教育理念在线学习模式的理论

在线学习的产生及发展受到终身教育理论、人力资本理论以及成人学习理论这三大理

论的影响。

（一）终身教育理论

保罗·朗格朗最早提出"终身教育"一词。1965年，朗格朗在国际成人教育会议上，做了一场关于"终身教育"的报告，他认为终身教育是完全意义上的教育，它贯穿于人生命的始终，包括教育的所有内容，是所有教育形式的有机连接。1968年，联合国教科文组织首次提出"终身教育"；1970年，朗格朗出版《终身教育引论》；1970年，富尔在《学会生存》一书中提出"为生存而学习"；1976年，发布《教育—财富蕴藏其中》报告。终身教育理论发展的大背景下，人们更加注重获取知识方式的转变，更有利于促进在线学习。

（二）人力资本理论

人力资本理论最早来源于经济学研究，影响较大的是美国舒尔茨，他认为教育是一种非常重要的人力资本投资，通过这种投资能够提高劳动者个人素质，最终促进经济发展。这一观点认为对受教育者的人力资本投资（包括教育成本、职业技能培训成本及其在此过程中产生的其他成本）最终表现为受教育者所习得的理论知识、职业技能以及个人健康素质的总和。即在线学习能够为受教育者提供大量学习资源，进一步提高他们的职业能力，积累更多的人力资本，其所产生的经济效益是无法估计的。

（三）成人学习理论

成人学习理论的主要代表人物是美国高等教育家诺尔斯，他的主要观点体现在以下三个方面：

第一，成人学习的特点。成人具有较强的独立思考能力和自学能力；成人学习易受现实生活影响，目标在于解决实际问题；成人学习具有较强的目标性。

第二，成人的学习障碍。一是环境障碍，主要来源于成人的家庭和工作；二是身体障碍，主要是由于自身生理机能功能退化导致的；三是心理障碍，主要来源于外在环境对个体认知和价值观的影响。

第三，成人学习者的差异。成人学习者个别化特征较青少年更明显。成人学习者的差异更容易受其所处社会环境、学习经历、职业特征、生活方式等因素共同影响。由于不同的社会环境、不同的职业和生活经历，使得在线学习对于不同的成人学习者所造成的影响是有差异的，因此对成人学习理论进行表述也是必要的。

二、基于终身教育理念在线学习模式的特点

在线学习作为终身教育理念下的一种新型的学习方式，具有传统教育所不具有的特点。

（一）资源丰富性特点

在线学习就是利用发达的网络技术整合大量的、及时的信息资源，以满足不同的学习者对资源的差异化需求。在网络信息中，除文本信息外，还包括大量的非文本信息，如图形、图像、声音信息等，有静态的文本格式，也有动态的多模式链接等，因而网络信息资源呈现多样性的特点。除此之外，网络信息资源还具有共享性、及时性和多样性等特点。因此，网络信息资源相对于其他传统的教育资源成本更低，针对性更强。学习者更容易获取最新信息。

（二）个别化学习特点

在线学习中，学习者的时间和空间的自由逐渐得以实现。通过在线学习，学习者可根据自身学习目标在海量的网络信息资源中搜索更符合自身学习需求的学习资源。它打破了我国传统学校教育对于上课地点和时间的限制、打破了教与学的时空隔离。当前，随着科学技术的迅速发展，越来越多的智能学习工具被开发出来，如平板电脑、智能手机、iPad等，这些智能工具具有便携化、内存大、兼容性强等特点，使得在线学习者可以依据自身的学习需求下载所需资料，并且可以随时随地学习，即学习者可自由安排学习内容和学习进度，提高了学习的自主性。在线学习将学习和科技结为一体，使得在线学习成为一种新时尚，在线学习将成为未来教育发展的必然趋势。

（三）人机交互性特点

随着网络通信技术的发展，在线学习逐渐表现出人机交互性，即计算机既可以实现信息输出，也可以对学习者输入的命令进行相应处理，从而体现信息传递的双向性。教学课件的人机交互性，有利于教师实时掌握学生对知识的掌握情况，并对教学内容进行有目的性的调整，从而合理安排教学内容和进度，提高教学效果。另外，通过网络技术，学习者不仅可以下载所需学习资源，还可以随时向教师进行提问，和其他学习者共同讨论，极大地提高了学习者的学习积极性和主动性。

三、基于终身教育理念在线学习模式的意义

第一，在线学习有利于个性化学习评价机制的建立。教学评价不仅是教师评价，还需要吸纳学生评价，遵循学生个性化发展的原则，真正体现学生主体的教育方式。在教学评价中，不仅注重结果评价，还需要进行过程评价，即不仅注重学习者的成绩和排名，还需要关注学习者学习的过程。建立个性化的教学评价机制，促进学生多方面的发展、促进教师教学水平的进一步提升。

第二，在线学习实现了较强的自主性和选择性。在线学习依赖丰富的教学资源库而实现，如：精品资源库，依据学科不同建立资源共享的在线学习平台，突破传统学习方式在地点和时间上的限制，教师和学生在上课地点、学习内容和学习时间上具有更多的自主性，又由于资源共享性的特点，降低了教育成本。由于信息更新快，因而在线学习系统的构建是一项循序渐进的系统工程。

第三，在线学习开创了新的办学模式。在线学习系统是以现代教育技术为主要手段的现代远程教育的主要表现形式之一，在学习型社会背景之下，担负起全民学习和终身学习的重任。在线学习开辟的远程教育方式，推动了教育结构的调整，提高了学习者的自主性，体现了学习者主体地位的教育目标。

第四，在线学习系统拓宽了新的教学方式。在线学习的大力推广应用，能够促进采用互联网信息技术进行办学，突破传统教学的时空限制，也降低现代函授教育方式的经济投入，同时可增加师生互动，生生互动的教学环节，及时满足学习者学习需求，增加学习者时空选择自主性，从而提高学习者学习积极性和学习效率。

四、基于终身教育理念在线学习模式的实践

在线学习的表现形式有很多，如电大以及当前慕课（MOOC）影响下的 Udacity、Coursera、Edx 三大平台等诸多形式，但是他们最为本质的相似点在于通过视频公开课来进行学习。在线学习平台运行的前提是提供多种多样的课程，其次才是学习者根据需要选择课程。综合各平台学习者的学习活动，有如下方面：

（一）注册

学习者在网上提供自己的基本信息，注册用户名。如学习者可通过注册邮箱，成为平台的学员，从而拥有自己在该平台上的用户名，方便学习者选择课程、学习课程、掌握课程进度。

（二）学习

学习者在选择完课程之后，就开始正式的学习。视频公开课的学习包含一系列的环节。

第一，学习课程。由于课程的性质属于在线学习，所以学生需要通过观看分段的视频，来掌握课程内容。

第二，在线讨论。讨论是学习和巩固所学知识的重要方式之一。随着信息技术的发展，当前的在线讨论既可以是所有学习者间的讨论，也可以是分组讨论。

第三，测验。在阶段性学习后，针对所学内容布置相应题目，以检验学习效果。

第四，考试。在几轮测验之后安排考试，与测验相比，它考查的知识范围更广泛，考查方式也较严格。

第五，学习结果。人们学习动机截然不同决定了人们学习效果的差异，有的人是为了挑战自我，丰富生活；有的是为了提升技能，获得证书，以便为未来学习和工作的晋升提供更好的渠道。

第三章 现代教育技术及媒材处理

第一节 现代教育技术及其发展趋势

技术是一个历史范畴，随着社会的发展其内涵也在不断地演变。一般而言，现代意义的技术是指人类在利用自然、改造自然以及促进社会发展中所采用的各种活动方式、手段和方法的总和。它包括实体形态的技术和智能形态的技术两大类。实体形态的技术主要是指以生产工具为标志的物质性的技术要素，如工具、设备等，是物化技术，是有形的技术；智能形态的技术主要是以技术知识、方法、技能技巧为特征的技术要素，是无形的技术，是观念形态的技术。智能形态的技术又可细分为知识形态的技术和经验形态的技术。知识形态的技术指的是解决某类问题的系统理论与方法，它可以脱离个体，以知识形态独立存在；经验形态的技术是解决某类问题的技能与技巧，它以经验形态存在于个体，不能脱离个体。

对"技术"一词的这种定义就比较全面、深刻。技术的重点在于工作技能的提高和工作的组织，而不是工具和机器。

教育技术是技术的一种，属于技术的子集内容，教育技术包括物化和智能两方面，是人们在教育实践中得出的，包括方法、技能、经验以及物质工具。物化和智能是教育技术的两个不同的部分，物化技术是教育所需的实物工具，从传统的粉笔、黑板到智能的计算机、卫星、软件，还包括部分科目用到的器材、设备等；智能技术是教育实践中产生的经验，总结出的方法、知识、内容，包括其中所蕴含的思想理念和理论依据等。智能技术引领着教育的发展，是教育的核心内容，依托物化技术进行内容的传播。

由此可见，教育技术是教育中的技术，它既不是对全部教学问题进行研究，更不是对所有技术进行研究，它遵循教育规律，研究如何采用技术手段和方法解决教育教学中的有关问题。

教育技术下还有子范畴，现代教育技术就是其中之一，现代二字明确区分了二者的不同。教育技术伴随人类至今，经历了长期的发展，贯穿整个人类史，从最初的口耳相传到后来的文字记录，再到现代的多媒体技术、虚拟现实技术，教育技术的发展走到今天，出现了未曾有过的样貌，现代教育技术就是指当代出现的信息化电子技术引领的现代化教育设施、教育技巧、新的经验和应用方法等，包括投影仪、录音录像设备、互联网等。

在我国，"教育技术"这个术语普遍使用是在 20 世纪 90 年代以后。在此之前，它的名字叫"电化教育"。电教界认为"电化教育"是中国的教育技术。电化教育指的是运用现代教育媒体并与传统教育媒体恰当结合，传递教育信息，以实现教育最优化。但是，随着教育的发展以及对教育技术认识的逐渐深入，电化教育一词已经不能够概括与表述教育技术的内涵与外延，不能适应教育发展的需要。在这样的情况下，"现代教育技术"一词应运而生，现代教育技术顾名思义，就是结合了最新的教育技术和总结的教育理论，对教学进行优化的工具，利用现代技术和最新的教育理论设计教学内容、规划教学过程，对教学进行管理和评价。现代教育技术可以从以下方面来进行理解：

第一，现代教育理论的指导地位不能动摇。现代教育技术应用不能脱离现代教育理论，只有这样才能真正体现教育思想。现代教育技术的应用，要关注师生的不同角色，即教师的指导作用和学生的认知主体地位。

第二，对现代信息技术的充分运用。科技的飞速发展使得信息技术也取得了极大的进步，从数字音像、多媒体、广播电视技术到互联网通信、虚拟现实、人工智能技术，现代信息技术对教育也有着不断更新的影响力。在利用信息技术时，要以教学需求为根本，不能以技术的先进性为指标，避免采用不恰当的使用方式导致设备的浪费或是教育目标难以达成。

第三，优化教学过程、合理利用资源。要做到资源的合理利用与教学过程的不断优化，必须对教学模式进行优化。

第四，现代教育技术应用的五个主要环节。现代教育技术应用方式在持续不断地发展，现阶段主要有五个环节，这五个环节基本贯穿了教学的所有阶段，包括设计、开发、应用、评价、管理。设计主要针对的是教学软件的使用、教学环境、模式以及教学过程的设计；开发主要针对的是硬件软件设备、课程与教学模式；应用主要存在于实际教学过程中；评价、管理是在整个教学过程的最后展开。

一、现代教育信息化特征及学习方式

（一）现代教育的信息化特征

第一，民主化。现代教育遵循的是全民教育的方针，受教育者更加广泛且平等。全民

教育主要体现在两个方面：一是民主化，对于全民而言，教育机会都是均等的；二是普及化，教育的普及程度决定了民主化是否能够顺利实现，因此义务教育制度的普及能够促进教育民主化的发展。

第二，终身化。终身化的教育需要从制度和理念两方面把控，制度和思想的确立能够促进教育终身化向前推进。教育的终身化开始提出是以终身教育的形式，随着人们对教育和学习认知的加强，逐步转化为终身学习的概念。这与教育为人们提供的客观条件分不开，教育技术的发展使人们能够更加便利地进行学习，这是终身学习得以实现的有利条件。终身学习逐渐成为现代社会普遍认可的教育观，其本质就是教育观念的扩展。

第三，多样化。学习机会的多样化与教育现代化分不开，现代教育技术的发展，包括多媒体、网络等的加入，使得学习方式向着多元化的方向发展，能够满足不同人群的需求，人们对教育也有了更多的选择。

第四，个性化。个性化教育成为目前教育改革的主流，是以学生为教育主体，合理化学生在教育中的角色，对学生的潜能进行挖掘，促进其发挥主观能动性，对创造性人才的需求是个性化教育的重要推动力。

第五，国际化。全球化大趋势下，国际交流与合作成为全球共识，对国际化的人才的需求也逐渐增长。因此培养国际化人才是未来教育的发展方向，与传统的封闭培养教育模式相比，信息时代对于人才的培养更为多元、开放。教育要与时俱进，全球化对教育产生的影响不可估量，在国际交流日趋加强的情况下，教育也在文化、社会、科技等方面面向世界进行交流，不断进化。教育国际化的推进离不开现代教育技术的加持，教育技术的不断发展使得跨国教育交流、在线沟通联动等更为便利，教育模式也随之发生改变。教育国际化是全球化进程中的必然趋势。

（二）现代教育的信息化学习方式

1. 信息化学习方式的特性

随着网络信息技术在人类社会的普及，人们的学习观念发生巨大变化。现代学习方式主要以自主、合作、探究为主要特征，并逐步成为学习方式的主流。以学习方式多元性、多层次结构开放系统，培养人的主体性和创新性，推动人的终身学习、可持续发展。通常情况下，现代教育信息化学习方式主要包括以下六种特性：

（1）主动性。现代教育信息化学习方式主要培养人的自觉主动性，不同于传统学习方式中知识的被动接受，而是让学生在学习过程中激起学习兴趣、承担学习责任。学生的学习兴趣主要分为直接兴趣、间接兴趣。直接兴趣针对学生的学习过程，能够直接提高学生学习效率，而间接兴趣针对学生的学习结果。学习兴趣是推动学生求知的内在力量，促使学生专心持续地钻研某种学习活动，学生也能够从中获得心理上的愉悦、享受，提高学习质量。学生的学习责任是学习过程的重要品质。若学生能够将自己的学习、生活、成长联系起来考虑问题，拥有强烈的学习责任，便能够真正贯彻主动学习理念，使学生在学习活动中主动承担起自身应该担负的责任，实现有意义的学习。

（2）独立性。与传统学习方式中产生的依赖特点不同，现代教育信息化学习方式具有独立性。拥有学习独立性能够帮助学生增强判断能力和责任心，提高独立学习能力。每个学生都有独立的思想，促使他们在学习过程中希望自己可以体现出独立学习能力，满足自己独立性的学习要求，若在教学过程中只关注学生的知识接受程度，忽视甚至否认学生的独立学习能力，只会造成学生不善思考，独立性丧失。

在教学活动中，教师需要对学生的独立性给予充分关注和培养，通过各种学习场景、教学方式的运用，鼓励学生独立思考、学习，充分发挥自身独立性，提高学生独立学习的能力。学习过程是动态发展的过程，教师应该与时俱进，注重培养学生独立思考、独立学习的学习方式，逐步实现从教到学、从学习的依赖性到学习的独立性转变。在实际教学过程中，教师发挥的作用应呈现越来越小的趋势，从传统的传道授业解惑逐步转化为培养学生的综合素质、能力，使学生在学习过程中实现完全独立。

（3）独特性。每个学生都是独一无二的，由于自身内在性格特征的不同和外部环境的影响，他们拥有不同的内在感受、精神世界、内心世界，并且拥有独特的思维方式、观察角度，促使他们在学习行为上有自己的个性，形成独特的学习方式。

每个学生都有独特的性格特点、个性化的学习方式、特有的行为习惯。在教学过程中，教师应为学生提供个性化的学习场景、发展空间，维护每个学生的独特性。学生的学习独特性主要表现在学习的认知基础、情感准备、学习能力差异方面，面对相同的学习内容，不同的学生存在个体差异，具有不同的接受程度，从而在学习过程中造成所用的学习时间、拥有的学习效率、需要的教学帮助产生差异化。现代教育信息化学习方式尊重每一个学生的独特性，并将其作为教育教学资源开发的基础，发挥学生的主观能动性。

（4）问题性。问题引导学习，有了问题，才有学习的动力。在开展科学研究、学习讨论时，问题可推动研究学习成果的产生，在不断学习知识、不断发现问题中逐步提高自己。逻辑是思维的规律，拥有逻辑思维能够深入了解事物的本质规律，增强分析问题能力，逻辑思维的形成依靠问题的不断提出、解答，形成固有的意识思想，积累丰富的知识内容，促进新思想、新知识、新方法的产生。因此，在现代教学过程中，应该对学生问题意识的培养增加关注。

就现代教学论层面而言，学习活动的产生主要是问题的出现，推动学生激发自己的积极性和求知欲，使他们自觉进一步思考已学知识，在知识理解的前提下探索新问题，寻找新发现，而不是像以往进行形式、表面的知识灌输。

现代教育信息化学习方式重视问题意识在学习活动、个人成长发展中的重要作用，培养学生问题意识的形成、发展，实现学习、问题两者相互联系、相互促进，在学习过程中发现问题，在问题中实现学习过程，学习中提出问题、解决问题，问题中促进学习、贯穿学习。

学生树立问题意识，能够实事求是处理学习过程中出现的问题，提高学生感知能力、思维能力，促使学生形成积极钻研、勇于探索、追求真理的学习态度，激发学生学习热情和思维灵活性，形成创新创造性思维模式、辩证思维、求异思维，提高学生综合分析解决问题能力，促进学生健康成长、发展。

（5）合作性。合作能够发挥自身特殊优势，是一切事业成功的基础。教师在学习活动中应该注重培养学生团队合作意识，在完成学习任务的同时，将学生培养成为合格的社会主义建设者和接班人。具备合作精神不仅能够在学习、生活中协同解决遇到的困难，而且通过学生之间的合作学习，使学生深刻体会到人与人相处秉持的原则，通过团队之间的合理分工，完成共同的学习目标，充分发挥合作的最大学习效率，并且在相互合作中增进同学彼此间的感情。

（6）体验性。体验指亲身经历、实践获得经验体会，经过身体活动亲身接触的东西，能够更加真实地在大脑中留下深刻记忆。对学生而言，拥有对字面知识的亲身体会，便能够通过自己的生理、人格、情感对知识有更深的理解，而不是单纯的带有理性、表面色彩的认知，使学生在学习知识的同时，得到全身心的发展。对于现代学习方式而言，体验性是其最明显的特点。

第一，现代教育信息化学习方式的体验性重视身体性活动的直接接触。学习过程不仅是在脑中形成单纯的文字映像，也并非只是用脑思考，而是涉及听、说、读、写等过程，经过亲身体会，亲身感悟，在体验中逐步学到知识、理解知识、扩大知识，使学生发挥主动精神，激发学习兴趣，在亲身体验的同时反思知识，获得知识、情感双方面的提高，促进学生健康成长。当然，教师在此过程中应调动更多的学生进行体验学习，重视实践、探究、操作的重要作用。

第二，现代教育信息化学习方式的体验性强调直接经验。认识来源实践，只有亲身实践，才能从直接经验中获得真知。对于教学层面，教师应该引导学生从课本中进行自我理解、解读，获得直接经验，并且尊重每一个学生的独特性。有效的学习方式都是具有个性的，对于知识理解产生的自身感受也是不同的。对于课程层面，教师应灵活性地将学生的生活世界、基础知识、直接经验整理成为学习课程资源。对于学习层面，应该重视学生直接经验的获取，将源于他人的间接经验进行有机整合，实现向直接经验的转化，塑造学生综合素质，充分体现出教书育人的理念意义和促进个人成长的价值。

就以上阐述的现代学习方式而言，它们彼此之间相互包含、相互联系，综合组成有机整体。因此，在选择学生合适的学习方式时，应全面把握现代学习方式的六种特性。

2. 信息化学习方式的转变

（1）从图书馆查阅到互联网搜索。随着互联网技术的快速发展，网络时代已经进入人们实际生活中，信息的传递、交流的方式、资源的获取，通过网络技术变得方便、快捷，对人们的学习、生活方式产生巨大影响。通常而言，学生阅读的专业资料、学习的课程资源、制作的作业素材、采用的参考文献，绝大部分源于网络数据库、官方网站等，而不是在图书馆实地查阅资料。此种变化对学生主要产生以下影响：

第一，计算机拷贝文字影响学生的创新创造能力。利用网络信息技术不仅可以获取丰富的信息资源，还可以实现对所需要文字的快速选取、复制，而不需要重新在键盘上打出来，为学生课程作业的完成、相应作品的制作、考试论文的完成提供方便的处理方式。通过文字拷贝，组建成篇，当教师查阅、批改时，很容易发现拷贝文字后的痕迹，如字体混乱、灰色背景等现象。

网络平台上推出的各种查重检测系统，是为了处理论文、文章中出现过多抄袭、高重复率的现象，减小对学术界的负面影响。学生期末成绩中通常添加平时成绩，修正期末考试本身的不足。平时成绩一般包含小论文、平时作业等，学生可以拷贝、组合网络上的相应文字、段落，应对教师布置的作业。这种学习态度不仅没有得到良好的教学成果，而且会导致学生在不断复制、粘贴中丧失自己的独立性和创新性，不能在学习过程中提出问题，不能深入理解所学知识。相反，对于学生这一类人群来说，他们的求异精神、创新能力不可估量。近年来的网络流行语言，皆是青年人群的创新杰作，但这些流行语很快便销声匿迹，究其原因，主要是创新的根基不够稳固，虽然这些流行语言形式新奇，很容易在网络中形成跟风趋势，但这些语言缺乏深厚的文化底蕴，不能充分体现知识内涵。另外，从网络平台上直接拷贝、重新组合吸引到更多的跟风者创作，此种方式与学生的拷贝文字，组建成篇原理相同。在校学生容易在网络浮躁之风中跟风，思维同化，对创新意识、创新能力产生影响。

第二，网络读图时代的到来，对学生理解文字、使用文字产生影响。随着科学技术的快速发展、社会的不断进步，用户不仅可以阅读相关文字资讯，更能够从高清图片或视频中快速掌握相关信息，在互联网平台推出图片阅读功能，能够快速吸引大量读者点击阅读，这些由视觉带来的冲击能够快速在大脑中形成相应场景，增加深入体验，此种行为更进一步推动读图时代的到来，使互联网呈现流行化、娱乐化、普及化、大众化的特点。

学生在此种环境氛围中逐渐被同化，越来越依赖简洁、直观的图像认知，而深刻、经典的文字形式渐渐被忽视，这种趋向不仅导致越来越多的学生提笔忘字，可能连日常运用的文字都不能辨识。另外，网络上普遍使用的拼音输入法必然会对文字的使用产生深远影响。当然，此种现象是可以被改变的。由中央电视台组织的文字听写栏目《汉字英雄》，便是相关传媒、学者反思这种现象所举办的活动，目的在于引起社会对文字使用的思考和重视。

当然，读图时代的到来并不是一件坏事，这种流行快餐文化对快节奏生活的大众群体适用，能够快速获取信息、知识。然而，在现代快节奏生活中，仍需要重视文字使用的重要作用，注重阅读经典、原著，提高阅读能力和对文化底蕴的深入理解。对此，当代学生更应在阅读中提高自己。

第三，网络普及带来的快阅读对学生的逻辑思维能力产生深远影响。快节奏发展的生活让大多数人的阅读方式、阅读习惯发生变化，人们步入浅阅读时代，通过标题式、跳跃式、搜索式阅读达到阅读目的，此种方式少了阅读的味道，影响人们的思考能力。学生的阅读普遍目的是拓宽知识面、完成自己的学业，且通常是快、浅的阅读形式。此种视觉性、网络化、娱乐式的阅读对学生逻辑思维和批判性思维的形成、发展产生负面影响。

阅读能够拓展知识面，建构自己的精神世界。学生的健康发展需要树立正确的读书态度，重视经典、文本、原著的阅读，减少对网络信息知识的依赖，促进学生向研究型、知识型方向发展。

（2）从现实的讨论到虚拟的交流。计算机网络间的彼此沟通是虚拟的、平等的、间接的、自主的，学生通常借助网络交际平台开展交往互动，并逐渐延伸到学习方式的改变。利用互联网技术不仅可以实现学习资源材料的广泛获取，而且超越时间、空间限制，在各种网络平台上进行知识沟通、问题交流、信息传递，并完成某些课题的讨论分析，此种方式不仅使两方甚至多方之间开展方便、快捷的交流，甚至还能够提升学习、研究、分析问题效率。另外，网络信息技术的普及，使更加丰富的课程信息引入互联网平台，实现资源共享。学生可以利用网络工具获取世界各地的优质课程资源，并且可以在相应平台向教师、专家提出问题，相互交流沟通。当然，现实教学中存在的人际传播优势是网络教学无法比拟的。

（3）从找寻信息到辨别信息。学生使用网络产生的影响效果不同：一方面是网络软硬件条件的不同；另一方面是网络使用能力的不同。网络在使用期间产生的不利作用，主要是网络使用能力方面的差异。网络这一新媒体具有的方便快捷、资源丰富优势受到大众喜爱，实现与报纸、杂志等传统媒体优势互补。由此看出，网络的普及使信息传播、知识传播变得迅速，是未来媒介形成、发展的基础。当然，对于新型媒介而言，网络的出现、普及、发展并没有改变传统媒介地位，传统媒介自身的可保存性等优势是新型媒介无法超越的，尤其是纸质媒介，学生能够利用其深入、系统地整理自己所吸收的知识。

利用网络信息技术，学生可以实现快捷方便的信息搜索，只需要轻轻地点击，便可在网站上弹出的各种相关信息中找到相应结果，甚至可以通过网页上的超链接功能，直接指向目标网站，此种方式明显弥补传统媒介寻找学习资源的不足，减少大量的查找时间，提高学习效率。当然，新型媒介带来方便的同时，在网站上推出的各种无关信息、广告也使学生在辨别有效信息时花费大量精力、时间。

（4）多媒体教学学习。网络技术的普及应用也促使新型教学手段出现，导致教育方式的变革。计算机辅助教学是将计算机作为教学媒体，处理、整合教学过程中使用的图片、文字、声频等课程信息资源，最后以投影、屏幕的形式呈现出来；另外，可以在播放展示的同时增添声音效果，加深学生对知识信息的印象，实现新型教学模式的资源共享、信息交互、数据集成。虽然此种新型教学方式在信息传递、数据集成等方面具有突出优势，但相较传统教学方式而言，缺少姿态、语言等表达方式上的心理交互。通常来说，认知、情感两个过程是学生开展学习活动时产生的心理过程。

教师在设计、制作多媒体课件时，容易出现形式单一、内容枯燥、界面古板等问题，此种现象的产生大部分原因在于教师工作量大，没有足够的时间、精力进行精良的课件制作。另外，多媒体教学所用到的计算机设备、相关系统在经过长时间的使用后容易出现各种问题，需要相关工作人员对其进行定期、全面保养、维护，减小出现网络、投影仪以及音响等相关设备故障等问题，保障教学活动的正常进行。

在展开多媒体教学活动中，教师应充分吸纳学生的反馈意见，根据学生以及传授知识的实际情况，改进、优化多媒体的使用过程，从而提高教学效率，达到最好的教学效果。

二、现代教育技术的发展任务

（一）提高人才的培养质量

第一，要培养专业过硬的人才需要对教学重视。教师考核的首要标准是教学，为学生授课应该作为重点；此外，学校还需要增加教学专用基础设施，例如实验室的建设和实习

基地等。

第二，对于教学还应该有一系列改革措施。在日常教学方面，对学生测试为弹性学制，应对此进行完善，并且在学制方面有一定的弹性空间，文理科学习多融合。学生除了学习日常文化课之外，还可以参与实践任务，例如科学研究，可以增强学生的实践能力。同时，增加就业指导内容和创业指导课程。学校、科研机构以及社会企业等强强联合的机制，可以更好地挖掘优秀人才。

第三，严格对待教学管理。教学质量的评估体系要健全，需要不断改进教学评估机制。对于刻苦学习的学生要及时鼓励，同时调动学生的学习积极性，培养学生的学风，重视对诚信等品德的培养。

（二）提升科学研究水平

应该开展哲学社会科学、自然科学和技术科学方面的研究。创新应该和国家发展目标相贴合，以目前社会生活中遇到的实际问题为主要目标，进而加强基础和应用研究。

企业科技、科研院所等应该资源共享，使科研和教学相结合，进而推动现代教学创新模式，还需要将创新型人才和科研、教学三者强强结合。释放学生的科研能力，让其发挥出科研能力。此外还应该重视对创新平台和新基地的创建，互联网时代下的科研评价为双导向机制，创新和质量并重。

（三）增强社会服务能力

在培养人才的同时，还要为社会展开全方位服务，体现在要注意对科技成果进行转化，校办产业更应该规范并且将产与学两者结合起来，让所有社会成员都有继续接受教育的机会。重视对科学知识的普及，全方面、多层次提升社会成员的科学素养和文化素养。为此，学校在文化传播过程中扮演着不可忽视的角色，学校应重视对传统文化传播以及先进文化的发展。学校中人才济济，可以定期开展研究讨论，共享集体智慧，发表具有前瞻性的探讨，还应鼓励师生提升志愿服务意识。

三、现代教育技术的发展趋势

（一）发展方向

我国现代教育要以提高质量为导向。提高教学质量是各级各类学校办学的永恒主题。现代教育承担着培养高级专门人才、发展科学技术文化、促进现代化建设的重大任务。提高质量是高等教育发展的核心任务，是建设高等教育强国的基本要求。未来，教育结构更加合理，特色更加鲜明，人才培养、科学研究和社会服务整体水平全面提升，建成一批国际知名、有特色、高水平高等学校，增强教育的国际竞争力。

（二）发展路径

目前，我国教育的发展趋势是向世界一流学校和高水平学校靠近，学校要获得长足发展，需要重视人才培养，尤其是创新型人才，这有助于我国获得大量优质人才，成为创新型国家。要实现这一目标，学校需要有更开阔的视野和坚定的信念、执着的目标以及平和且开放的心态。与此同时，国家应该对此加大投入，采取一系列有效措施，加快国内学校的发展。

（三）发展机制

每一个学校都需要有良性且健康并能长足发展的机制，这一机制也要求学校在进行自我管理和约束的同时展开自我发展。我国很多学校在发展中，尤其是转型时期的发展机制并不健全，更加注重学生数量以及学校规格和学校名字的变化，这样的发展机制不利于学校的可持续发展。对此，各学校应该建立以高质量为主且良性的发展机制。此外，学校在发展过程中可能会出现外延式的发展，更需要可持续发展良性机制的制约，以此获得长足健康的发展。

（四）改革内容

政府管理和学校管理是相辅相成的关系，学校有自主办学的权利，但是中央和地方政府有对高等学校的管理权限，所以需要处理好两者之间的关系。学校要落实自主办学的权利，政府的行政权力也要严加规范，才可以促进内部体制改革，完善学校管理制度，形成有法可依的法律治理结构。

学校采取校长负责制度，需要在党委领导的指导下，健全学校管理体系。学校内的重要决策、议事和监督机制，需要教授积极参与并起主导作用。学校制度应采取法律监督和民主管理双重模式，重视对学校的法律监督，还应该有相对应的民主管理制度，鼓励师生积极参与。

第二节 现代教育中教学设计与多媒体技术

一、现代教育中的教学设计

教学系统设计（ISD），通常也称教学设计，这门学科的发展综合了多种理论和技术的研究成果。其研究的是如何设计教学，确保教学实施，以期帮助学习者达到最好的学习效果。"教学系统设计主要是以促进学习者的学习为根本目的，运用系统方法，将学习理论与教学理论等的原理转换成对教学目标、教学内容、教学方法和教学策略、教学评价等环节进行具体计划、创设有效的教与学系统的过程或程序"①。

（一）教学设计的基本特点

教学系统设计是以解决教学问题、优化学习为目的的特殊的设计活动，既具有设计学科的一般性质，又必须遵循教学的基本规律。教学设计具备以下特点：

第一，教学设计运用的是系统的观点和方法。教学设计活动是一种系统的非偶然的、随意的活动，这决定了需要把教学活动放到系统中考虑。需要通过一系列科学的设计程序，设计出符合教学规律的方案，达到最优的教学效果。

第二，教学设计是以教学理论为基础的。教学设计的产物是一种教学系统实施的方案或能实现预期功能的教学系统，因此教学设计必须以教和学的科学理论为基础。

第三，教学设计强调建立可操作的具体教学目标。在教学设计过程中，需要用可观察的行为来描述教学目标，使其更明确，具体，便于操作和测量。

第四，教学设计强调对教学对象的了解，正确分析其学习需求。学习者是学习活动的主体，只有充分了解学习者的情况，才能创设适用于学生特点的学习情境，达成教学目标。

第五，教学设计注重效果评价和反馈环节。教学设计应是动态、优化的过程，这决定在教学设计的过程中，要对评价结果进行反馈，及时调整教学策略。

（二）教学设计的过程分析

教学设计本身是一种实施教学系统方法的、具体的可操作的程序。它综合了教学过程

---

① 邱红艳、孙宝刚：《现代教育技术》，重庆大学出版社 2020 年版，第 25 页。

中的诸多要素，人们可以将运用系统方法的设计过程进行模式化。教学设计过程模式的主要作用是确定教学设计的步骤，并对教学问题的解决提供特定的指导作用。关于教学过程模式，目前有诸多不同类型的理论，但各类教学设计模式中都包含以下核心要素：①分析教学对象；②制定教学目标；③选用教学方法；④实施教学评价。完整的教学设计过程应是在这四个基本要素的架构上建立的。一般包括以下组成部分：教学设计的前期分析，教学目标的分析与设计，制定教学策略（包括教学媒体的选择和设计），教学设计成果的评价。各部分相互联系、相互制约，组合成一个有机的教学系统，如图 3-1 所示。

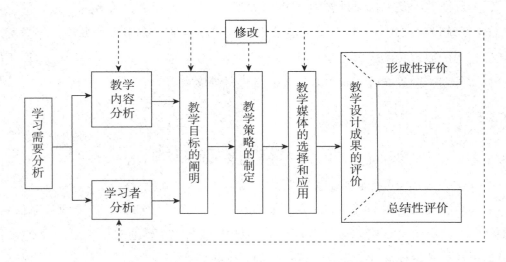

图 3-1 教学设计的一般过程

1. 教学设计的前期分析

教学设计的前期分析主要包括学习需要分析、教学内容分析、学习者分析。利用这三项分析，可以使我们更好地制定教学目标、确定教学策略、选择教学媒体、设计教学模式、实施教学评价，科学规范地完成教学设计。

（1）学习需要分析。学习需要是指学生学习方面目前的状况与所期望达到的状况之间的差距，也就是学生目前水平与期望学生达到的水平之间的差距。学习需要分析也称"学习需要的评价"，是指通过系统分析，发现教学中存在的问题，通过分析问题产生的原因，确定问题的性质，论证解决问题的必要性和可行性的调查研究过程。学习需要分析的核心是发现问题，而不是寻求解决问题的办法。

（2）教学内容分析。教学内容是为实现教学目标而需要学生必须掌握的知识和技能，以及应该形成的态度的总和。教学内容分析是指学生从起始能力，转化为教学目标所规定的终点能力，所需学习的从属先决知识技能和态度及其关系进行详细剖析的过程。

（3）学习者分析。学习者作为学习活动的主体，其具有的认知、情感、社会等特征都

将对学习的信息加工过程产生影响。因此教学系统设计是否与学习者的特点相匹配，是决定教学系统设计成功与否的关键因素。进行学习者分析，目的是了解学生的学习准备、学习风格、学习动机，以便为后续的教学系统设计步骤提供依据。

2. 教学目标的分析与设计

教学是促使学习者朝着目标所规定的方向产生变化的过程，因此在教学系统设计中，教学目标是否明确、具体、规范，直接影响到教学是否能沿着预定的、正确的方向进行。教学目标（或学习目标）是对学习者通过教学后应该表现出来的，可见行为的具体的、明确的表述。它是教学设计活动的起点和最终归宿。在教学中，它具有以下功能：①教学目标可以提供分析教材和设计教学活动的依据；②教学目标描述具体的行为表现，能为教学评价提供科学依据；③教学目标可以激发学习者的学习动机；④教学目标可以为教师提供评价和修改教学过程的依据。

（1）教学目标分类理论。

第一，布鲁姆的教学目标分类理论。教学目标分类理论是20世纪50年代以布鲁姆为代表的美国心理学家提出的。在这个理论体系中，布鲁姆等人将教学活动所要实现的整体目标分为认知、情感和动作技能三大领域，并从实现各个领域的最终目标出发，确定了一系列目标序列。将认知领域的目标分为知道、领会、运用、分析、综合和评价六个层次。将动作技能领域的目标分成四类：知觉能力、体力、技能动作和有意交流。将情感类目标分成五类：接受、反应、价值判断、组织化和个性化。

第二，加涅的学习结果分类理论。美国当代著名教育心理学家加涅是继布鲁姆之后，又一位对目标理论有重大影响的心理学家。加涅在《学习的条件》一书中，对学习结构进行了分类，提出了五种学习结果：言语信息、智力技能、动作技能、认知策略和态度。

（2）教学目标的编写方法。

第一，编写教学目标的基本要求。在教学设计的实践中，一个规范的学习目标应包括四个要素。为了便于记忆，可以把编写学习目标的基本要素简称为"ABCD模式"：A指对象（Audience）：阐明教学对象；B指行为（Behaviour）：说明通过学习之后，学习者应能做什么（行为的变化）；C指条件（Condition）：说明上述行为是在什么条件下产生；D指标准（Degree）：规定达到上述行为的最低标准（即达到所要求行为的程度）。

第二，教学目标的具体编写方法。在教学目标编写过程中，描述学习目标包括四项构成要素：①对象的表述，教学目标的表述中应注明教学对象；②行为的表述，教学目标中应说明学习者在教学结束后应该获得怎样的能力；③条件的表述，表示学习者完成规定行为时所处的情境；④标准的表述，标准是行为完成质量可被接受的最低限度的衡量依据。

标准一般从行为的速度、准确性和质量三方面来确定。

3. 制定教学策略

为了实现教学目标、满足学习需要，人们需要制定相应的策略。可以认为，教学策略是对为完成特定的教学目标而采用的教学活动的程序方法、形式和媒体等因素的总体考虑。

（1）教学活动程序。在信息加工理论基础上，有目的、有计划地对这个过程施加外部事件的影响则为教学活动，而对此过程所进行的描述则为教学活动的程序。教学活动主要包括准备活动、学生参与、测验及补充活动等教学事件。目前常用的教学活动程序有传递—接受程序、引导—发现程序、示范—模仿程序，情景—陶冶程序。

（2）教学方法。教学方法是教师和学生为了达到教学目标，由教学原则指导，借助教学手段（工具、媒体或设备）而进行的师生相互作用的活动，它既有教师教的行为，又有学生学的行为，而且两者相辅相成。与认知类学习结果有关的教学方法有讲授法、练习法、演示法、实验法、谈话法、实习作业法、讨论法；与获得动作技能有关的教学方法有示范—模仿法、练习—反馈法；与情感、态度有关的教学方法有直接强化法、间接强化法。

面对各种各样的教学方法，一般认为应该根据教学目标、学生特点、教师特点、教学环境、教学时间、教学技术条件等诸多因素来选择教学方法。

（3）教学组织形式。所谓教学组织形式，就是根据教学的主观和客观条件，从时间、空间、人员组合等方面考虑安排的教学活动的方式。教学组织形式归纳起来有三类：集体授课、个别化教学、小组协作学习。

（4）教学媒体的选择与运用。教学媒体的选择既是教学设计的一个重要环节，也是教学策略的一个重要组成部分。在现代教学中，媒体发挥着越来越重要的作用。由于不同教学媒体的特性不同，各种媒体都有自己的优缺点，没有一种媒体能对任何学习目标和任何学习者发生最佳的相互作用。但是，对于某些具体的教学目标来说，还是存在某种媒体，其教学效果明显优于其他媒体，因此教学媒体的选择有重要的意义，如图3-2所示。

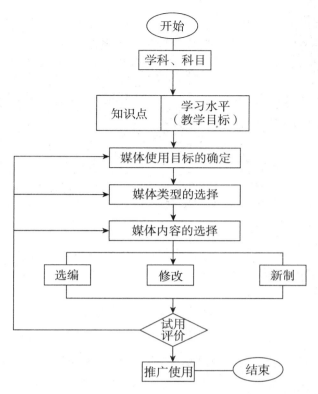

图 3-2　教学媒体的选择程序

4. 教学设计成果的评价

教学设计成果评价既有一般教学评价的共性，也有其自身的特点。教学设计成果评价主要是形成性评价，即在设计推广使用之前，先在一定范围内进行试用，以了解教学系统的试用效果，如可行性、可用性、有效性等。教学目标的达成程度是评价的主要方面，其目的是获得教学设计产品的反馈信息，对教学设计做出进一步的修改，提高教学设计的质量。其评价过程包括：①制订必要的评价计划；②选定必要的评价工具；③教学设计产品的试用；④收集教学活动的信息；⑤归纳和分析评价信息；⑥报告评价结果。

二、现代教育中的多媒体技术

多媒体的英文是"Multimedia"，"Multi"的意思是"很多"，"Media"是"媒体（Medium）"的复数形式。媒体的本意是指各种信息表示和传播的载体，也称媒介和媒质。多媒体则综合了各种已有的媒体的含义。例如对于多媒体计算机系统而言，是指文本（Text），图形（Graphics），图像（Images），声音（Sound）等各种表示和传播信息的媒体。当前计算机中能够采集、处理、编辑、存储和展示的媒体类型多指文字、图形、图像、动画、声音、活动影像等，伴随电子技术的发展和计算机数字化及处理能力的不断提高，多媒体的内容必将更加丰富多彩。

多媒体技术就是指用计算机综合处理多媒体并使各种媒体建立逻辑链接的技术，是信息传播技术、信息处理技术和信息存储技术的组合。为了避免和其他场合中（如电视机、录音机、录像机）接触到的媒体混淆，必须注意到多媒体技术的关键特征是其中信息载体的多样性、交互性和集成性。

（一）多媒体的相关概念界定

第一，媒体（Media）：媒体是信息表示和传输的载体。媒体可以是图形、图像、声音、文字、视频、动画等信息表示形式，也可以是显示器、扬声器、电视机等信息的展示设备，或传递信息的光纤、电缆、电磁波、计算机等中介媒质，还可以是存储信息的磁盘、光盘、磁带等存储实体。

第二，多媒体（Multimedia）：一般而言，不仅指多种媒体信息本身的有机组合，而且指处理和应用多媒体信息的相应技术。因此，"多媒体"实际上常常被当作"多媒体技术"的同义词。通常可把多媒体看作是先进的计算机技术与视频、音频和通信等技术融为一体而形成的新技术或新产品。

第三，多媒体计算机技术（Multimedia Computer Technology）：指计算机综合处理文本、图形、图像、音频和视频等多种媒体信息，使这些信息建立逻辑连接，集成为一个交互式系统的技术。简而言之，多媒体计算机技术就是用计算机实时地综合处理图、文、声、像等信息的技术。

（二）多媒体技术的特征表现

1. 信息载体：多样性

信息载体的多样性即信息媒体的多样性，是相对于传统计算机所能够处理的简单数据类型而言的，早期的计算机只能处理数值、文本和经过特别处理的图形和图像信息。多媒体把机器处理的信息多样化或多维化，通过对信息的捕捉、处理和再现，使之在信息交互的过程中具有更加广阔和更加自由的空间，满足人类感官方面全方位的多媒体信息需求。

2. 信息载体：交互性

信息载体的交互性是指用户与计算机之间进行数据交换、媒体交换和控制权交换的一种特性。多媒体载体如果具有交互性，将能提供用户与计算机间信息交换的机会。事实上，信息载体的交互性是由需求决定的，多媒体技术必须实现这种交互性。

根据需求，信息交互具有不同层次。简单的低层次信息交互的对象主要是数据流，由于数据具有单一性，因此交互过程较为简单。较复杂的高层次信息交互的对象是多样化信息，包括作为视觉信息的文字、图形、图像、动画、视频信号，以及作为听觉信息的语音、音频信号等。多样化信息的交互模式比较复杂，可在同一属性的信息之间进行交互动作，也可在不同属性的信息之间交叉进行交互动作。

3. 信息载体：集成性

信息载体的集成性首先是指多种不同的媒体信息，如文字、声音、图形、图像等有机地进行同步组合，从而成为完整的多媒体信息，共同表达事物，做到图、文、声、像一体化，以便媒体的充分共享和操作使用。集成性还指处理这些媒体信息的设备或工具的集成，强调与多媒体相关的各种硬件和软件的集成。硬件方面，具有能够处理多媒体信息的高速及并行的 CPU 系统、大容量的存储设备、适当的多媒体多通道的输入输出能力及宽带的通信网络接口。软件方面，有集成一体化的多媒体操作系统、适当的多媒体管理和使用的软件系统和创作工具、高效的各类应用软件等，作用是为多媒体系统的开发和实现创建一个理想的集成环境。

4. 信息处理：实时性

信息载体的实时性是指多媒体系统中的声音和活动的视频图像是与时间密切相关的，甚至是强实时的，多媒体技术必然要支持对这些时间媒体的实时处理。图像和声音既是同步的也是连续的。实时多媒体系统应该把计算机的交互性、通信的分布性和电视、音频的真实性有机地结合在一起，达到人和环境的和谐统一。

（三）多媒体的关键技术解读

多媒体技术几乎涉及信息技术的各个领域。对多媒体的研究包括对多媒体技术的研究和对多媒体系统的研究。对于多媒体技术，主要是研究多媒体技术的基础，如多媒体信息的获取、存储、处理，信息的传输和表现以及数据压缩/解压技术等。对于多媒体系统，主要是研究多媒体系统的构成与实现以及系统的综合与集成。当然，多媒体技术与多媒体系统是相互联系、相辅相成的。

1. 存储与传输技术

由于多媒体信息特别是音频信息、图形图像信息的数据量超出了文本信息，因而存储和传输这些多媒体信息需要很大的空间和时间。解决的办法是必须建立大容量的存储设备，并构成存储体系。硬盘存储器和光存储技术的发展，为大量数据的存储提供了较好的物质基础。目前，硬盘和光盘的容量已达 10GB 以上。硬盘由于采用密封组合磁盘技术（温彻斯特技术）而取得了突破性的进展，光盘驱动器不仅容量增加，而且数据传输速率也可望达到或超出硬盘的水平。

计算机系统结构采用多级存储［高速缓存（Cache）、主存储器（M）和外存储器］构成存储系统，解决了速度、容量和价格的矛盾，为多媒体数据存储提供了较好的系统结构。

2. 压缩和解压缩技术

为了使现有计算机（尤其是微机）的性能指标达到处理音频和视频图像信息的要求，一方面要提高计算机的存储容量和数据传输速率，另一方面要对音频信息和视频信息进行数据压缩和解压缩。对人的听觉和视觉输入信号，可以对数据中的冗余部分进行压缩，再经过逆变换恢复为原来的数据。这种压缩和解压缩，对信息系统可以是无损的，也可以是有损的，但要以不影响人的感觉为原则。数据压缩技术（或数据编码技术），不仅可以有效地减少数据的存储空间，还可以减少传输占用的时间，减轻信道的压力，这一点对多媒体信息网络具有特别重要的意义。

3. 多媒体软硬件技术

大容量光盘技术、硬盘技术、高速处理计算机、数字视频交互卡等技术的开发，直接推动了多媒体技术的发展。多媒体计算机系统的数据存储、数据处理、输入/输出和数据管理，包括各种技术和设备都是与多媒体技术相关的。在硬件方面，各种多媒体外部设备已经成了标准配置，如光盘驱动器、声音适配器、图形显示卡等；计算机 CPU 也加入了多媒体处理和通信的指令系统，扩展了计算机的多媒体功能；扫描仪、彩色打印机、彩色绘图机、数码相机、电视机顶盒等一大批具有多媒体功能的设备已配置到计算机系统中。

在软件方面，随着硬件的进步，多媒体操作系统编辑创作软件、通用或专用开发软件以及大批多媒体应用软件，极大地促进了多媒体技术的发展。多媒体技术的发展也极大地促进了计算机软硬件技术、数据通信和计算机网络以及计算机图形图像处理技术的发展。

4. 多媒体数据库技术

多媒体的信息数据量巨大，种类格式繁多，每种媒体之间的差别很大但又具有种种关联，这些都给数据和信息的管理带来许多困难，因此，传统的数据库已不能适应多媒体数据的管理。

处理大批非规则数据主要有两个途径：一是扩展现有的关系数据库，通过在原来的关系数据库的基础上增加若干种数据类型来管理多媒体数据，还可以实现"表中有表"的数

据模型，允许关系的属性也是一种关系；二是建立面向对象的数据库系统，以存储和检索特定信息。在多媒体信息管理中，最基本的是基于内容的检索技术，其中对图像和视频的基于内容的检索方法将是多媒体检索经常遇到的问题。

随着国际互联网 Internet 的发展，超文本和超媒体的数据结构被广泛应用，引起了信息管理方面的巨大变革。超文本（HyperText）在存储组织上通过"指针"将数据块链接在一起，是互联的网状结构，而不是顺序结构，比较符合人的记忆对信息的管理（可以联想）。由结点和链（指针）组成的超文本结构网络称为 Web，它是一个由结点和链组成的信息网络，用户可以在该信息网络中实现"浏览"功能。将多媒体信息引入超文本结构，称为超媒体。制作和管理超媒体的系统称为超媒体系统。

5. 多媒体通信和网络技术

一般意义上的计算机都是指多媒体计算机或网络计算机，多媒体系统一般都是基于网络分布应用系统的。多媒体通信网络为多媒体应用系统提供多媒体通信手段。多媒体网络系统就是将多个多媒体计算机连接起来，以实现共享多媒体数据和多媒体通信的计算机网络系统。多媒体网络必须有较高的数据传输速率或较大的信道宽带，以确保高速实时地传输大容量数据的文本、音频和视频信号，并且必须制定相应的标准（如 H.251 远程会议标准、JPEG 静态图像压缩标准、MPEG 动态连续声音图像压缩标准等）。随着电子商务、远程会议、电子邮件等网络服务的发展，人们对网络安全与保密也提出了更高的要求。

6. 虚拟现实技术

从本质上讲，虚拟现实技术是一种崭新的人机界面，是三维的对物理现实的仿真。虚拟现实系统实际上是一种多媒体计算机系统，它利用多种传感器输入信息仿真人的各种感觉，经过计算机高速处理，再由头盔显示器、声音输出装置、触觉输出装置及语音合成装置等输出设备，以人类感官易于接受的形式表现给用户。虚拟现实技术能实现人与环境的统一，仿真"人在自然环境之中"。

人的感觉是多方面的，要想使处于虚拟现实中的人在各种感觉上都能仿真是很困难的，要达到智能就更困难了。但是，虚拟现实技术提供了一种崭新的人机界面设计的方向，在国民经济许多领域将会有重要应用，是多媒体系统重要的发展方向。

（四）多媒体素材的处理技术

1. 多媒体素材的类型

根据媒体的不同性质，多媒体素材可以分为文本素材、图形图像素材、声音素材、视频素材和动画素材。

（1）文本类与图形图像类素材

第一，文本类素材。文字是日常交流最主要的信息交流手段，又称为符号化的媒体。与其他的媒体素材相比，文字具有容易处理，所需存储空间小的特点，是最方便输入和存储的媒体素材。在教学过程中，大量的教学信息都是通过文字信息实现的，例如各种原理、概念、计算公式等。人们通常将之称为文本，包括文字、字母、数字、字符、符号等。

第二，图形图像类素材。图像是人类视觉器官所感受的形象化的媒体信息，如周围的环境、景物照片、图画等。在教育教学中，图像是主要的多媒体信息，它不仅可以反映外观，还可以表达思想。用真实的场景、人物的感染力的图像来表达比较抽象、难以理解的知识内容，可以渲染气氛，提高教学效果。图像类素材包括图形和图像。

（2）声音、视频与动画类素材

第一，声音类素材。声音是人类用于传递信息的最方便、最熟悉的方式，人耳听到的声音是一种模拟振动波，简单而言，人耳所感受到的空气分子的振动就是声音。在教学中利用声音传递教学信息，利用声音的变化来吸引学生保持注意力。按照用途可将声音分为语言、音乐和声响三类。

第二，视频类素材。视频是人类感知外部世界的最重要的途径，视频是对真实世界的真实记录，常用来表现真实事物和运动场景。通常情况下视频同时伴随有声音、图片等，信息量较大，具有较强的感染力。在教学中，视频适用于呈现一些对学生来说比较陌生的事物或场景。视频根据处理方式的不同，可以分为模拟视频和数字视频。

第三，动画类素材。动画实质是一幅幅静态图像的连续播放，一幅静态图像为一帧（通常为8帧/秒以上）。动画在制作过程中忽略了事物运动、变化过程中的一些次要因素，只强调其本质要素，有利于用来描述事物运动、变化的过程。动画是经过人工设计制作出来的，更加生动有趣，可用于激发学生学习的积极性。

2. 多媒体素材处理原则

（1）科学原则。使用多媒体素材，要保证内容的科学性。教育教学中使用多媒体素材的目的主要是通过发挥多媒体的优势，生动、贴切地反映枯燥的教学内容，以达到授课的目的。若素材的选取弄虚作假，失去了真实性，就不能传授科学知识，不仅达不到准确表达学科知识的目的，反而适得其反。因此素材的选取必须严格把关，保证其可靠、翔实、准确和严谨。

（2）教学原则。素材选取要对学生的智力发展、能力培养和综合素质的提高起到促进作用，还要符合教学大纲和课程标准的内在要求，既要体现明确的教学目的，通过素材的学习和研究来改善传统教学模式所能达到的有限教学水平，又要通过选材的精确性、精准性发挥其反映现实、情境示范、剖析原理和创新发现的作用。

（3）"精典"原则。

"精"是指精简恰当、少而精。在信息迅猛的时代，可供学生和教师选择的教学资源和知识信息非常之多，而与之相对应的是教师教学和学生学习时间是非常有限的，因此，在素材方面，应坚持在有限的时间内，选择更为精准、信息量更为丰富，学生有足够时间消化这些资源，并把这些知识转换成利于自己接受知识架构体系的原则，从而提升学生的学习效率和学习质量。

"典"是指典型性、代表性。选择素材要选择有代表性、规范性的素材，同时应尽量选取具有个性特征、新颖性和新奇性的素材，选取能深刻揭示、剖析和展示问题，对学生思维能力的培养有极大帮助的素材，最终达到举一反三、触类旁通、启迪思维以及培养能力的目的。

（4）艺术原则。艺术源于生活，是对生活经验、生活智慧以及科学成果、人文自然的高度凝练和总结，对于教学课程来说，激发学生学习兴趣，集中学生学习注意力，提升教学质量的有效方法之一就在于利用现代化媒体技术提升教学素材的设计感和美感，并将其以科学、合理的方式进行展示，让学生在美的享受中，完成课堂教学过程，培养学生的艺术素养和创新意识。

（5）效益原则。课堂教学的目的在于通过创新的教学方式，让学生在有限的课堂学习时间里，获得最大限度的进步与成长。因此，在多媒体素材的选择和使用上，就要在保证素材质量的前提下，尽量节省人力、物力成本，例如可以减少需要耗费大量人力、物力资源进行制作或编辑的素材，优先选择现成的，或者经过简单的编辑美化后可以直接应用于课堂教学中的素材。

3. 多媒体文本素材的格式

文本文件中，如果只包含文本信息，没有任何文本格式或排版信息，称为纯文本文件；如果包含文本格式或排版信息，则称为格式化文本文件。常用的文本文件格式主要有以下几种：

（1）TXT（是微软在操作系统上附带的一种文本格式）格式。TXT格式就记事本的存储文件格式。也可以用Word、WPS等软件编辑。

（2）文档（DOC）格式。Word的存储文件格式。

（3）TRF格式。Windows附件中写字板的存储文件格式。可用记事本、Word、WPS

等软件编辑。

（4）WPS（WPS 是由金山软件股份有限公司自主研发的一款办公软件套装）格式。WPS 的存储文件格式。金山办公（Office）软件特有的格式，只有用 WPS 才能够打开编辑。

（5）HTML 格式。超文本标记语言（HypertextMarkupLanguage）文件即网页文件格式。HTML 是一种描述文档结构的语言，但不能描述实际的表现形式。

此外还有 CAJ、PDF 等图像专用格式和专用的编辑软件。

4. 多媒体文本素材的采集

（1）键盘输入。键盘输入是最常见的文本获取方法，通过各种文字处理软件（如 Word、记事本、WPS 等），可输入各种文字、符号、字母等。使用键盘输入文字需要了解一些编码规则，即输入法。目前，使用较多的中文输入法有微软的中文输入法、搜狗拼音输入法以及智能 ABC 等。

（2）手写输入。随着手写板、平板电脑及其他手写设备的应用，出现了比键盘更为方便的文本获取方法——手写输入。手写输入方式的使用必须先安装设备的驱动程序，通常驱动程序都随手写仪器赠送，驱动安装只需要按照提示安装即可完成，使用起来也很方便。使用手写输入不需要学习键盘输入法，只要会写字即可。将手写板与计算机连接，使用专用的手写笔在手写板上像平常一样写字，即可进行文字的录入工作。它的缺点是字体和字迹不能潦草或有太多的连笔，这样会影响文字识别的准确度。

（3）扫描输入。如果需要获取已有的印刷品上的文字资料，一般采用扫描输入。扫描输入的核心是光学字符识别软件（OCR），用于对扫描仪输入的文字进行判断，将扫描后的文字图像转换成文本格式文件。目前，文字识别软件主要有尚书 OCR、汉王 OCR、紫光 OCR 等。此外，当前市场上出现的各种扫描笔（又称卫星扫描仪）的原理也基于此项技术。

5. 多媒体文本素材的处理

（1）Word。Word 是文字处理工具软件中最方便快捷、功能最为强大的常见软件。

（2）OCR 识别软件。OCR 识别软件的安装方法比较简单，将安装光盘放入计算机的光盘驱动器中，直接运行程序 setup.exe，根据安装向导的提示，就可以完成安装操作。

OCR 识别软件获取图像的方式有两种：一是扫描图像；二是打开计算机中已经存在的图像文件。扫描图像就是在扫描图像之前设置好保存扫描图像文件的路径、图像文件名。在浏览路径窗口中选定路径，然后单击工具栏上的"扫描"按钮或选择"文件"→"扫描"命令，扫描仪开始扫描文件，然后将其以图像格式保存于计算机中。打开计算机中已有图像文件就是单击工具栏上的"打开"按钮或单击"文件"→"打开图像"命令，即可打开计算机中已经扫描好的图像文件。

（3）便携式文档格式（PDF）转换器。PDF 转换器是一款将 PDF 文档中的文字、图片、表格、注释等文档元素对应转换成 Word 文档或其他类型文件的工具，也可实现其他文件到 PDF 文件的转换，是一款操作简单、功能强大的实用性软件。转换过程是，首先选择转换类型；其次选择"添加文件"→"立刻开始转换"命令即可完成。

（五）多媒体课件及其制作

1．多媒体课件的构成

多媒体教学课件作为一种专门服务于教学的软件，一般情况下既有普通软件的结构，同时又兼具一般教材的结构和组成，具体如下：

（1）封面。封面的主要作用在于写明课件的名称、著作者、出版者等内容。生动形象的封面能够引起学生更大的学习兴趣，使之能够主动走入教学部分。

（2）内容。教学内容指的是课件要完成的主要学习内容。

（3）内容之间的连接关系。知识单元之间、知识点之间、知识点与单元之间存在各种跳转控制关系，例如：屏幕各要素之间、屏幕与屏幕之间的跳转，以及屏幕向主菜单的返回控制等。

（4）人机交互界面。教学课件的人机交互界面与普通软件大体相同，需要设计的内容一般包括菜单、按钮、对话框，以及屏幕的色彩、动画等方面。

（5）导航策略。如果所设计的多媒体教学课件较为复杂，则需要为学习者提供必要的引导，即教学课件的导航系统。常用的导航系统包括检索导航、线索导航、书签导航、导航图导航和帮助导航等。

2．多媒体课件的特性

（1）课件多媒体化。多媒体教学课件将一些抽象的概念、复杂的变化过程和运动形式，以图像逼真、内容生动、声音动听的形式展现在学生面前。可以表现客观事物的时间顺序、空间结构和运动特征的能力，能够把一些在普通条件下无法实现或无法用肉眼观测得到的现象，通过运用多种媒体模拟表现出来，引导学生探索事物的本质及内在联系。

（2）课件的集成性。多媒体教学课件把多种渠道获得的单一、分散与不同类别的素材经过处理，集合成教学课件，有利于知识的获取与保持，非线性结构可实现对教学信息的有效组织与管理。

（3）课件的交互性。多媒体教学课件利用友好的人机交互功能，可以通过获取到的学生信息来充分了解学生的意图，以便运用最为恰当的教学方法，帮助学生进行学习。还能够及时获得反馈信息，教师根据反馈可以调整教学的深度和广度，使学生学到的内容更可靠、更完整，而学生则可以通过反馈进行合理的自我调整。

（4）课件的共享性。多媒体教学课件可以通过网络在计算机之间相互传递，实现信息资源共享。同时，通过网络，各种媒体可以对知识信息进行相互补充，知识信息的表达由此可以变得更加充分和易于理解。

3．多媒体课件的作用

多媒体教学课件的设计依据是课程教学大纲，形式包括文本、图像、音频、视频、动画等，设计好的课件通过计算机技术的运用进行记录、存储和运行。多媒体教学课件就是通过计算机将教师要传授的知识生动、形象、智能地表现出来，使学习者轻松有效地接受知识。多媒体教学课件在教学中的作用具体如下：

（1）呈现教学内容，丰富教学资源。第一，清晰的呈现教学内容。在课堂教学中，完成传统教具所不能完成的任务，例如比较抽象的知识，教师在讲解时会感到困难，多媒体教学课件则可以解决这个问题。第二，丰富教学资源。多媒体教学课件能够提供大量的多媒体信息和资料，创造丰富的教学活动，有利于学生对知识的获取和保持，扩充了学生的知识面。

（2）提高学习兴趣和效率。第一，提高兴趣。多媒体教学课件图文声像并茂，能呈现形象的视听觉多种感官的综合刺激，激发学生的学习兴趣，集中学生注意力，加深对学习内容的印象和理解。丰富的画面增加了学生的学习兴趣，必定会提高听课效率，也就提高了教学效率。第二，提高效率。多媒体教学课件能够以图、表的形式呈现教学内容，省去了教师书写板书的环节，以便教师能够有更加充裕的时间对知识进行讲解、与学生进行互动交流。教师对信息资源的使用与分配能够更加从容，对教学资源的控制范围会更大。多媒体教学课件还能够使教学内容更加清晰明了，便于学生抓住重点和难点。

4．多媒体课件的制作

（1）PowerPoint 演示文稿。PowerPoint 是 Microsoft 公司 Office 系列办公软件中的一种功能强大的制作演示型课件的工具，它秉承了 Office 上手容易、结构清晰、效果直观的特点。可以便捷插入并编辑文本、图形、图像、声音、视频，通过创建动画效果、超级链接的形式将各种多媒体信息整合。使用 PowerPoint 制作教学课件，教师不用掌握高深的编程技术，只需要将展示的内容添加到一张张幻灯片上，然后设置好这些内容的动画显示效果，以及幻灯片的放映、控制等属性，就可以制作出图文声像并茂的多媒体教学课件。

（2）Flash 动画软件。运行 Adobe Flash CS4 软件，首先进入的是"开始"界面。这个页面上通过三栏列出了常用的任务，左边一栏是最近用过的项目，中间是创建新项目，右边是在模板中创建动画文件。单击"Flash 文件 ActionScript3.0"图标，可以创建新的动画文件。Flash 的工作界面大致由以下几个部分构成：菜单栏在最上方；时间轴和舞台在中心位置；工具箱在左边，功能十分强大，可以创建和修改矢量图形；右面有多个面板围绕，其中包括"属性"和"库"面板，还有"设计面板"和"开发面板"等。

（六）多媒体技术的具体应用

多媒体是一种实用性很强的技术，它一出现就引起许多相关行业的关注，由于其社会影响和经济影响都十分巨大，相关的研究部门和产业部门都非常重视产品化的工作，因此多媒体技术的发展和应用日新月异，产品更新换代的周期很短。多媒体技术及其应用几乎覆盖了计算机应用的绝大多数领域，而且还开拓了涉及人类生活、娱乐、学习等方面的新领域。多媒体技术的显著特点是改善了人机交互界面，集声、文、图、像处理于一体，更接近人们自然的信息交流方式。同时，由于其还具有直观、信息量大、易于接收和传播迅速等特点，近年来，随着国际互联网的兴起，多媒体技术也随着互联网络的发展和延伸而不断成熟和进步。多媒体技术的典型应用包括以下几个方面：

第一，教育和培训。教育领域是应用多媒体技术最早，也是进展最快的领域。人们以最自然、最容易接受的多媒体技术开展培训、教学工作，寓教于乐，内容直观、生动活泼，不但扩展了信息量，还提高了知识的趣味性。多媒体技术在教育领域中的典型范例包括计算机辅助教学（Computer Assisted Instruction，CAI）、计算机辅助学习（Computer Assisted Learning，CAL）、计算机化教学（Computer Based Instruction，CBI）、计算机化学习（Computer Based Learning，CBL）、计算机辅助训练（Computer Assisted Training，CAT）、计算机管理（Computer Managed Instruction，CMI）等。

第二，信息管理系统。多媒体信息管理的基本内涵是多媒体与数据库相结合，用计算机管理数据、文字、图形、静动态图像和声音资料。以往的管理信息系统 MIS 都是基于字符的，多媒体的引入可以使之具有更强的功能，更大的实用价值。资料的内容很多，包括人事资料、文件、图样、照片、录音、录像等。利用多媒体技术，这些资料能通过扫描仪、录音机和录像机等设备输入计算机，存储于光盘。在数据库的支持下，需要时，便能通过计算机录音、放像和显示等手段实现资料的查询。

第三，娱乐和游戏。多媒体技术的出现给影视作品和游戏产品制作带来了革命性的变化，由简单的卡通片到声、文、图并茂的实体模拟，如设备运行、化学反应、火山喷发、海洋洋流、天气预报、天体演化、生物进化等诸多方面，画面、声音更加逼真，趣味性和娱乐性增加。随着多媒体技术的发展逐步趋于成熟，在影视娱乐业中，使用先进的计算机技术已经成为一种趋势，大量的计算机效果被应用到影视作品中，从而增加了艺术效果和商业价值。

第四，商业广告。多媒体在商业领域中可以提供最直观、最易于接受的宣传方式，在视觉、听觉、感觉等方面宣传广告意图；可提供交互功能，使消费者能够了解商业信息、服务信息及其他相关信息；可提供消费者的反馈信息，促使商家及时改变营销手段和促销方式；可提供商业法规咨询、消费者权益咨询、问题解答等服务。

第五，视频会议系统。随着多媒体通信和视频图像传输数字化技术的发展，以及计算机技术和通信网络技术的结合，视频会议系统成为一个最受关注的应用领域，与电话会议系统相比，视频会议系统能够传输实时图像，使与会者具有身临其境的感觉，但要使视频会议系统实用化，必须解决相关的图像压缩、传输、同步等问题。

第六，电子查询与咨询。在公共场所，如旅游景点、邮电局、商业咨询场所、宾馆及百货大楼等，提供多媒体咨询服务、商业运作信息服务或旅游指南等。使用者可与多媒体系统交互，获得感兴趣的对象的多媒体信息。

第七，计算机支持协同工作。多媒体通信技术和分布式计算机技术相结合所组成的分布式多媒体计算机系统能够支持人们长期梦想的远程协同工作，例如远程报纸共编系统可把身处多地的编辑组织起来共同编辑同一份报纸。

第八，虚拟现实。虚拟现实是一项与多媒体技术密切相关的新兴技术，它通过综合应用计算机图像处理技术、模拟与仿真技术、传感技术以及显示系统等，以模拟仿真的方式，给用户提供一个真实反映操作对象变化与相互作用的三维图像环境，从而构成虚拟世界，并通过特殊设备（如头盔和数据手套）提供给用户一个与该虚拟世界相互作用的三维交互式用户界面。

第九，家庭视听。其实多媒体最常见的应用，就是数字化的音乐和影像进入了家庭。由于数字化的多媒体具有传输储存方便、保真度非常高等特点，在个人计算机用户中广泛受到青睐，而专门的数字视听产品也大量进入家庭。

（七）多媒体技术的发展前景

总体来说，多媒体技术正向两个方面发展：一是网络化发展趋势，与宽带网络通信等

技术相互结合，使多媒体技术进入科研设计、企业管理、办公自动化、远程教育、远程医疗、检索咨询、文化娱乐、自动测控等领域；二是多媒体终端的部件化、智能化和嵌入化，提高计算机系统本身的多媒体性能，开发智能化家电。

1. 多媒体技术的网络化发展

技术的创新和发展将使诸如服务器、路由器、转换器等网络设备的性能越来越高，包括用户端 CPU、内存、图形卡等在内的硬件能力空前扩展，人们将受益于无限的计算能力和充裕的带宽，它使网络应用者改变了以往被动地接收、处理信息的状态，并以更加积极主动的姿态参与眼前的网络虚拟世界。

交互的、动态的多媒体技术能够在网络环境创建出更加生动逼真的二维、三维场景，人们还可以借助摄像机等设备，把办公室和娱乐工具集合在终端多媒体计算器上，使在世界任何一个角落与千里之外的同行可以在实时视频会议上进行市场讨论、产品设计、欣赏高质量的图像画面等。新一代用户界面（UI）与智能代理（Intelligent Agent）等网络化、人性化、个性化的多媒体软件的应用还可使不同国籍、不同文化背景和不同文化程度的人们通过"人机对话"，消除他们之间的隔阂，自由地沟通与了解。

多媒体交互技术的发展，使多媒体技术在模式识别、全息图像、自然语言理解（语音识别与合成）和新的传感技术（手写输入、数据手套、电子气味合成器）等基础上，利用人的多种感觉通道和动作通道（如语音、书写、表情、姿势、视线和嗅觉等），通过数据手套和跟踪手语信息，提取特定人的面部特征，合成面部动作和表情，以并行和非精确方式与计算机系统进行交互。可以提高人机交互的自然性和高效性，实现以三维的逼真输出为标志的虚拟现实。

蓝牙技术的开发应用，使多媒体网络技术无线化。数字信息家电，个人区域网络，无线宽带局域网，新一代无线、互联网通信协议与标准，对等网络与新一代互联网络的多媒体软件开发，综合了原有的各种多媒体业务，将使计算机无线网络如异军突起，掀起网络时代的新浪潮，使得计算机无所不在，各种信息随手可得。

2. 多媒体终端的部件化、智能化和嵌入化发展

目前，多媒体计算机硬件体系结构、多媒体计算机的视频音频接口软件不断改进，尤其是采用了硬件体系结构设计和软件、算法相结合的方式，使多媒体计算机的性能指标进一步提高。但要满足多媒体网络化环境的要求，还须对软件做进一步的开发和研究，使多媒体终端设备更加部件化和智能化，为多媒体终端增加如文字的识别和输入、汉语语音的识别和输入、自然语言理解和机器翻译、图形的鉴别和理解、机器人视觉和计算机视觉等智能功能。

过去，CPU 芯片设计较多地考虑计算功能，随着多媒体技术和网络通信技术的发展，

需要 CPU 芯片本身具有更高的综合处理声、文、图信息及通信的功能，因此可以将媒体信息实时处理和压缩编码算法做到 CPU 芯片中。从目前的发展趋势看，可以把这种芯片分成两类：一类是以多媒体和通信功能为主，融合 CPU 芯片原有的计算功能，它的设计目标是用在多媒体专用设备、家电及宽带通信设备上，可以取代这些设备中的 CPU 及大量专用集成电路（ASIC）和其他芯片；另一类是以通用 CPU 计算功能为主，融合多媒体和通信功能，它的设计目标是与现有的计算机系列兼容，同时具有多媒体和通信功能，主要用在多媒体计算机中。

近年来，随着多媒体技术的发展，TV 与 PC 技术的竞争与融合越来越引人注目，传统的电视主要用于娱乐，而 PC 重在获取信息。随着电视技术的发展，电视浏览收看功能、交互式节目指南、电视上网等功能应运而生。而 PC 技术在媒体节目处理方面也有了很大的突破，音频流功能的加强，搜索引擎的引入，网上看电视等技术相继出现。比较来看，收发 E-mail、聊天和视频会议终端功能更是 PC 与电视技术的融合点，而数字机顶盒技术适应了 TV 与 PC 融合的发展趋势，延伸出"信息家电平台"的概念，使多媒体终端集家庭购物、家庭办公、家庭医疗、交互教学、交互游戏、视频邮件和视频点播等全方位应用于一身，代表了当今嵌入式多媒体终端的发展方向。此外，嵌入式多媒体系统还在智能工业控制设备、POS/ATM 机、IC 卡、数字机顶盒、数字式电视、Web TV、网络冰箱、网络空调、医疗类电子设备、多媒体手机、掌上电脑、车载导航器、娱乐等方面有着巨大的应用前景。

第三节　现代教育中图像与音视频媒材处理

一、现代教育中的图像处理

（一）图像处理的基础知识

1. 图像的性能指标

图像的性能指标主要有图像分辨率、图像深度和图像文件的大小等。

（1）图像分辨率。图像分辨率是指组成一幅图像的像素个数。例如，一幅图片的分辨率为 640×480，表示该图片有 480 行，每行有 640 个像素，因此该图片的像素数为 307 200 个。图像分辨率是标明图像清晰度的重要标志，图像分辨率越高，图像越清晰。

（2）图像深度。图像深度是指图像中记录每个像素点所使用的位数，它决定了彩色图像中最多可以出现的颜色数或者灰度图像中的最大灰度等级数。灰度图像的图像深度利用

8 位二进制编码表示，其取值范围为 0~255，图像的最暗点灰度为 0，最亮点灰度为 255；彩色图像的图像深度主要利用 4 位、8 位、16 位、24 位、32 位等二进制编码来表示，一般写成 2^n（n 代表位数），例如，图像的颜色深度采用 8 位二进制编码时，可以表示 $2^8 = 256$ 种颜色。

（3）图像文件的大小。利用图像的分辨率和图像深度，可以计算出图像文件的大小，其计算公式为：

$$图像文件的大小 = 图像的像素总数 \times 图像深度/8 \tag{3-2}$$

2. 图像的颜色模式

图像处理技术中主要有灰度模式、RGB 模式、CMYK 模式、HSB 模式、Lab 模式等图像颜色模式，每种模式都有其优缺点和适用范围，各模式之间可以进行转换。

（1）灰度模式。灰度模式只有灰度色，没有色彩，一个像素利用 8 位二进制数表示，取值范围为 0（黑色）~255（白色）。

（2）RGB 模式。RGB 模式采用三基色即红（R）、绿（G）、蓝（B）来描述颜色，每种基色采用 8 位二进制数能够描述 256 种颜色，其取值范围为 0~255，因此 RGB 模式使用 24 位二进制数，也称"24 位真彩色模式"，共能描述 $256 \times 256 \times 256 = 16777216$ 种颜色。RGB 模式的图像适用于显示器、扫描仪、投影仪等设备，同时也广泛用于网络。

（3）CMYK 模式。CMYK 代表印刷上用的 4 种颜色，C 代表青色，M 代表洋红色，Y 代表黄色，K 代表黑色。CMYK 模式是一种颜色反光的印刷减色模式，每个像素利用 32 位二进制数来描述颜色，该模式是一种最佳的打印模式，适用于彩色打印和彩色印刷。

（4）HSB 模式。HSB 模式利用颜色的三要素来表示颜色，即色调（Hue）、饱和度（Saturation）和亮度（Brightness）。HSB 模式与人眼观察颜色的方式最接近，适合人直观地选取颜色。

（5）Lab 模式。Lab 模式是目前所有的颜色模式中色彩范围最广的模式，该模式不依赖光线、颜料，也不依赖系统设备。Lab 模式由三个通道组成，分别是亮度（L）、色彩通道 a 和色彩通道 b。其中，色彩通道 a 包括的颜色是从深绿色（低亮度值）到灰色（中亮度值），再到亮粉红色（高亮度值）；色彩通道 b 包括的颜色是从亮蓝色（低亮度值）到灰色（中亮度值），再到黄色（高亮度值）。L 通道的取值范围为 0~100，颜色通道 a 和颜色通道 b 的取值范围为 -120~120。Lab 模式主要用于不同系统之间交换文件等操作。

（二）图像素材的获取技术

获取图像素材的途径有很多，常见的有以下方法：

第一，获取屏幕图像。①利用 Windows 抓图热键获取图像。在 Windows 操作系统中，用户可以按【Print Screen】键来将整个屏幕图像放置到剪贴板中，如果想要将当前窗口图像放到剪贴板，可以按【Alt+Print Screen】组合键。位于 Windows 系统剪贴板中的图像，可以利用"粘贴"命令（按【Ctrl+V】组合键）复制到图像处理软件中，并保存为需要的文件格式。②利用抓图软件获取图像。如果想要进行更为专业的抓图操作，可以使用专业的抓图软件，如 HyperSnap、Snagit、Capture Professional、UltraSnap PRO 2.1 等。这些专业的抓图软件不但可以获取全屏幕和当前窗口，还可以获取非当前窗口、对象、选定区域等内容。

第二，利用绘图软件绘制和编辑图像。①利用 Windows 的"画图"绘制、编辑图像。选择"开始"—"所有程序"—"附件"—"画图"命令，打开画图程序。利用 Windows 自带的画图程序，可以绘制简单的图形，还可以对图形、图像进行简单的编辑操作。②利用专业的绘图软件绘制、编辑图像。如果需要进行专业的绘制和编辑操作，可以使用专业的图形、图像处理软件，如常用的图形处理软件 CorelDraw、Fireworks、Freehand 等，常用的图像处理软件 Photoshop、Photo Editor 等。

第三，利用扫描仪扫入图像。对于印刷品或照片中的图片，可以利用扫描仪将其扫描到计算机中，形成数字图像文件。在扫描过程中，通常选择 RGB 颜色模式，分辨率不低于 300dpi①。

第四，利用数码照相机拍摄图像。利用数码照相机可以方便、快捷地进行实体拍摄，并将拍摄的影像信息以 JPEG 或 TIFF 格式存储下来，所拍摄的数字图像可以直接导入计算机中进行编辑、使用。

第五，购买素材光盘或从网络下载。对于图标、按钮、装饰图等一些通用的图形、图像，用户可以通过购买图像素材光盘或者从网络上下载的方法来获取。

通过以上各种方法所获取的图像，可以利用专业的图像处理软件进行进一步的编辑、修改，从而得到满意的图像素材。

---

① dpi（dots per inch）是指单位面积内像素的多少，也就是扫描精度。dpi 值越大，扫描的清晰度越高。

二、现代教育中的音视频处理

（一）音频处理

1. 音频的数字化技术

音频分为模拟音频和数字音频，数字音频是通过采样和量化，将模拟音频信号转换而成并采用二进制数表示的数字音频信号。模拟音频在时间上是连续的，而数字音频是一个数据序列，在时间上是断续的。数字音频的质量主要取决于采样频率、量化位数和声道数等技术参数。

（1）采样频率。采样频率是指单位时间内的采样次数，其单位为赫兹（Hz）。采样频率不应低于声音信号最高频率的两倍，这样就能将数字信号保真地恢复。采样频率越高，播放出来的声音质量越好，但是要求的存储容量也就越大。目前，采样频率通常为11.025kHz（语音效果）、22.05kHz（音乐效果）和44.1kHz（高保真效果）。

（2）量化位数。量化位数是指记录每次采样值所使用的二进制位数，一般采用8位或16位量化。量化位数越大，记录声音的变化幅度就能够越细腻，音频效果也就越好，但相应的数据量也越大。

（3）声道数。声音通道的个数称为声道数，通常为1（即单声道）或2（即双声道又叫立体声）。与单声道相比，双声道的播放效果好，但其所占用的存储容量要比单声道成倍增加。

数字音频文件的存储量可以通过如下公式计算：

$$数字音频文件的存储量（byte）= 采样频率（hz）×量化位数（bit）/8$$
$$×声道数×时间（s） \tag{3-1}$$

2. 数字音频获取技术

音频数据包括音乐、歌曲演唱、乐器演奏、演讲旁白等，也可以包括观众掌声、喝彩声、敲击声、碰撞声等几乎各种声音。音频数据的获取是为音频的编辑进行素材的积累和准备，音频数据采集最常用的方法是利用音频录制设备录制音源，然后再进行数字化处理并存入计算机中。数字音频文件可以从 CD 等存储介质上转录，也可以从网络上下载，或者自己录制等。

在 Windows 操作系统中，只要计算机安装了声卡，并且连接了麦克风，就可以利用 Windows 自带的录音机程序来录制、编辑和播放 wave 格式的数字音频文件。

（1）录制音频文件。选择"开始"—"程序"—"附件"—"娱乐""录音机"命令，打开录音机程序，单击"录音"按钮，此时对着麦克风讲话，录音机程序就开始录制音频了。在录音的过程中，可以从操作界面中看到所录制音频文件的时间长度，若想终止录音，可以单击"停止"按钮。用户可以选择"文件"—"保存"命令，将录制的音频文件保存起来，所保存的音频文件的扩展名为. wav。

（2）编辑音频文件。利用录音机程序的"编辑"菜单，可以对已经录制的音频文件进行进一步的编辑，主要包括"复制""粘贴插入""粘贴混入""插入文件""与文件混音""删除当前位置以前的内容"和"删除当前位置以后的内容"等操作。

第一，"复制"与"粘贴插入""粘贴混入"。选择"复制"命令，可以将当前音频文件的内容复制到剪贴板上，选择"粘贴插入"命令，可以将剪贴板上的内容粘贴到音频文件的当前位置；选择"复制"命令后，再选择"粘贴混入"命令则是将剪贴板上的内容与当前编辑的音频混合在一起。

第二，插入文件。利用"插入文件"命令可以在当前音频文件中插入另一个音频文件。操作方法是：首先打开一个音频文件，其次依次单击"播放"按钮和"停止"按钮来确定需要插入的位置（或者直接将滑块拖动到需插入位置处），最后选择"插入文件"命令，在弹出的"插入文件"对话框中选择另一个声音文件，单击"打开"按钮即可。

第三，与文件混音。利用"与文件混音"命令可以将当前音频文件与另一个音频文件之间产生混音效果。操作步骤与"插入文件"类似，首先打开一个音频文件，然后依次单击"播放"按钮和"停止"按钮从而确定需要插入的位置，最后选择"与文件混音"命令，在弹出的"插入文件"对话框中选择另一个声音文件，单击"打开"按钮即可。

（3）设置音频效果。利用录音机程序的"效果"菜单，可以对音频文件设置"加大音量（按25%）""降低音量""加速（按100%）""减速""添加回音"和"反转"效果。

（二）视频处理

1. 视频处理的基础知识

（1）模拟视频标准。目前，世界上主要使用的电视广播制式有三种：PAL制式、NTSC制式和SECAM制式。

第一，PAL制式：扫描速率为25帧/秒，每帧由625个扫描行构成，采用隔行扫描方式，场频（即垂直扫描频率）为50Hz，屏幕的宽高比为4∶3，该标准主要用于中国、欧洲大部分国家、澳大利亚、南非和南美洲。

第二，NTSC 制式：扫描速率为 30 帧/秒，每帧由 525 个扫描行构成，采用隔行扫描方式，场频为 60Hz，屏幕的宽高比为 4∶3，美国、加拿大、墨西哥、日本、韩国和其他许多国家都采用该标准。

第三，SECAM 制式：扫描速率为 25 帧一秒，每帧由 625 个扫描行构成，采用隔行扫描方式，场频为 50Hz，屏幕的宽高比为 4∶3，但其所采用的编码和解码方式与 PAL 制式完全不一样，该标准主要用于法国、俄罗斯、东欧和其他一些国家。

（2）数字视频。PAL 制式、NTSC 制式和 SECAM 制式的视频信号都是模拟信号，而计算机处理的是数字信号，因此需要将模拟视频信号转换为数字视频信号，即实现模拟视频信号的数字化。模拟视频数字化就是将视频信号经过视频采集卡转换成数字视频文件存储在硬盘等存储设备中。

模拟视频信号每转录一次，就会有一次误差积累，产生一定的信号失真，长时间存放后视频质量会降低；与模拟视频信号不同，数字视频信号则可以无失真地进行无数次的复制，而且可以长时间存放。另外，数字视频信号还可以进行非线性编辑以及增加特技效果等。

2. 视频处理的重要元素

（1）帧和帧速率。视频是由一系列单独的图像所组成的，每一幅图像可以称为一帧。帧速率是指每秒播放的帧数量，单位是帧/秒（fps）。当帧速率达到 24 帧/秒时，就会产生平滑、连续的视频播放效果，典型的帧速率范围是 24～30 帧/秒。通常情况下，帧速越高，视频的质量越好，但是数据量也相应地越大。

（2）帧尺寸、像素宽高比和帧宽高比。帧尺寸是指视频中图像的大小或尺寸，也就是组成一幅图像的像素数，其表示方法为：横向像素数×纵向像素数。帧尺寸越大，数据量越大，不过视频的质量也就越好。像素宽高比是指一个像素的宽度与高度之比，像素的宽高比为 1∶1 的像素是正方形像素，比值为其他值的像素是矩形像素。帧宽高比则是指每帧视频图像的横向像素数和纵向像素数之比，标准化为 4∶3，宽屏电视为 16∶9。

（3）压缩比。由于视频文件的数据量较大，因此在存储与传输的过程中必须进行压缩处理。压缩比是指视频文件在压缩前和压缩后的文件大小之比。压缩比太小时，压缩操作对视频质量不会有太大的影响，但是所占用的磁盘空间会很大；压缩比太大时，视频文件所占磁盘空间减小，但视频文件的质量也相应地下降，而且压缩比越大在解压缩时所花费的时间也就越长。因此在对视频文件压缩时，应该根据实际需要的画面尺寸、压缩质量以及所使用计算机的性能综合分析，从而采取比较合理的压缩比。

3. 视频素材的获取技术

计算机中的视频素材主要采用以下方式获取：

（1）利用数码摄像机拍摄。利用数码摄像机（Digital Video，DV）可以方便地录制清晰度高、色彩纯正并且可以进行无数次无损复制的视频，所录制的视频可以直接导入计算机中。

（2）将模拟视频转换为数字视频。对于使用传统摄像机录制到录像带中的信息，可以利用视频捕获卡以及相应的视频编辑软件，对其进行采样、量化和编码，从而转换成数字视频，并存储在计算机中。

（3）捕获屏幕上的活动画面或从视频文件中截取视频片段。利用一些专业软件，如Snagit、Camtasia Studio、超级解霸等，可以捕获计算机屏幕上的动态操作，还可以截取一些视频文件中的片段，然后再将所捕获的操作或截取的片段保存为视频文件。

（4）购买或从网络上下载。用户可以购买存有视频资料的磁盘。此外，网络上有大量的视频资源，用户可以从网络上下载自己所需要的视频资料。

第四章 现代中职学生及其思维能力培养

第一节　中职学生自我控制与专业学习

一、中职学生的自我控制

提升中职学生的自我控制能力，一方面学校在强化管理，从严要求学生的同时，也要采取适宜的教育措施帮助学生学会对思维、情绪的控制，从而真正提升自我控制的能力，而不仅仅是外在行为上的服从。由于自我控制能力受到动机和目标、自我概念、自我调节策略、同伴关系等的影响，因此教师在教学中可以注重从这些方面来帮助学生获得更好的自我控制能力。

一方面，教师在采用外部激励措施的同时要注重引导学生增强内部动机，让学生的自我控制动机能够从不想惹麻烦、想要奖赏、想要取悦老师和父母、遵守规则逐步过渡到能够体贴他人、有自己的行为准则上来。让学生明白良好的自我控制是自身成长的需要，要学会做思维、情绪和行为的主人。

使学生相信自我控制能力是可以通过学习和练习而增长的。"让学生参与制定学习人际交往、生活的规范、监督机制与评价标准，自主决定在学习、人际交往、生活习惯等方面制订一个适合自身的可行性目标和计划并设置自我觉察和评价执行效果的提醒。"[①] 教师布置学习任务时兼顾学生的基础、可选择性和一定的挑战性，在学生完成计划和任务时首先让学生根据自己的标准进行自我评估，再给予教师和同伴的正向评价，让学生通过感受成功增强动机和自我概念。

对于自我控制有困难的学生给予调节策略的指导，指导学生上课时怎样集中注意力，怎样识别、接纳和管理情绪，如何抵制手机的诱惑等小技巧，并让学生自主分享在这些方面成功的经验和方法。创建一个充满信任的班级环境，让学生感知到犯错是被允许的，也

---

① 尹春霞：《中职学生自我控制、学业情绪与学业成绩的关系》，华中师范大学 2019 年硕士学位论文，第 43 页。

是可以改进的，获得帮助是可行的，在此基础上让学生分组共同完成一些具有挑战性的任务，让学生学会合作和互相负责。教师要以身作则，树立好榜样。例如上课不迟到，承诺的计划都要做到，在学生出现问题时控制好自己的情绪等。

另一方面，要重视对中职学生的心理疏导，帮助学生增强学业控制感和掌握一些有效的自我调节学习技能，从而提升自我控制能力。由于过大和长久的压力会对学生的认知能力造成损害，不利于自我控制，因此应该侧重对中职学生进行有效的压力管理策略的指导。让学生把对考试结果的关注转移到对学习过程本身的关注上来，为学习上存在困难的学生提供及时有效的教师支持，鼓励学生在每次考试后学会反思一下哪些地方做得很好，哪些地方有待改进，让学生相信通过改变学习方法、努力和细心等可控因素可以提升学习成绩。

二、中职学生的专业学习

（一）遵循中职学生专业学习培养的原则

针对性、适切性是中职学生专业学习策略培养的基本前提。任何学习策略的教学或培训都应与该领域的学习者的实际相匹配、与其适用领域相联系，否则将无法保证学习策略培养的科学性、可操作性与有效性。因此，中职学生专业学习策略优化对策的提出应关注中职学生及中等职业教育的实际状况。

1. 由内及外——学习策略意识培养为本

针对中职学生专业学习策略认知不足、意愿不强的问题，中职教师应着重培养学生的专业学习策略意识。意识与行为的相互作用使得意识的培养具有重要意义。"一般而言，意识决定行为，行为反作用于意识；虽然存在有意识而无行动、有行动而无意识的情况，但对某一行为具备清晰的意识往往能促进该行为更好地发生。"[1] 有强烈学习策略意识的个体不仅会自我总结有效的学习策略，还会积极地将他人的有效策略转化为自身策略。学习策略意识的培养能促使中职学生更加重视专业学习策略，并明确如何更好地掌握、应用学习策略。有研究者对元认知策略培训进行了实验研究，发现在对学生进行元认知策略培训之前先进行元认知意识培训，可提高学生学习动机与学习恒心，促使其更好地向他人求助，从而提高自主学习能力。对中职学生专业学习策略意识的培养，可贯穿于整个专业教学中，或置于单独的学习策略教学之中，重点在于向学生说明专业学习策略的功能与意

---

① 林玥茹：《中职学生专业学习策略研究》，华东师范大学 2019 年硕士学位论文，第 91 页。

义，使学生明白为什么要重视学习策略的掌握与应用，可通过案例介绍、专题讲座、优秀学生传授学习经验、主题班会等方式灵活开展相关活动。

2. 动中肯綮——重点调控关键学习策略

目前，中职学生专业学习策略总体处于中等水平，在计划策略、调节策略方面表现最差，在实践应用策略、复述记忆策略、深加工策略、反馈策略上表现一般，仅在选择性注意策略与寻求支持策略应用上相对略好。因此，对中职学生专业学习策略的教学或培训应采取"全面覆盖、重点训练"的方式，即在对通用的专业学习策略进行全面教学与训练的基础上，重点把握中职学生最薄弱、最重要的学习策略。

首先，针对中职学生学习策略应用水平特点，应重点关注中职学生在计划、调节、实践应用、反馈策略等方面的优化。计划策略与调节策略类似元认知学习策略，是中职学生常常难以较好地掌握与运用的策略之一，也是对其他学习策略应用具有规划、调控作用的策略。优化计划策略与调节策略，能在一定程度上提高中职学生在其他学习策略上的应用水平。因此，中职教师在进行学习策略教学时，应将计划策略、调节策略作为重点来进行突破。此外，鉴于职业教育理实一体、做中学的特点，学习策略教学也应关注学生技能学习，重视中职学生动作再现阶段相关的实践应用策略与反馈策略。中职学生在义务教育阶段的学习中，大多已经接触过学科知识学习的策略，但对专业技能学习往往还比较陌生，相关学习策略的教学极具现实意义。

其次，应关注中职学生深层学习策略的提高。学习策略本身具有层次水平之分。例如，同样是复述，可以是无意义的机械重复，也可以是通过联想、关键词等进行复述；可以是按照原有次序进行复述，也可以是对内容有选择地进行复述。对于中职学生而言，其在选择性注意、寻求支持等较简单的策略方面表现更好，但在使用更高水平的学习策略时往往有所欠缺。大部分中职学生仍处于浅层、被动学习阶段，只能在一定程度上根据教师的任务进行学习，很少能较好地进行深度学习，对深层学习策略的使用也存在不足。但这并不意味着中职学生就应该只掌握浅层学习策略，也没有科学证据能证明中职学生是没有能力掌握深层学习策略的。因此，教师在进行学习策略教学时，应抛开固有偏见，关注中职学生对深层学习策略的掌握与应用。

3. 因材施教——关注学习策略个体差异

中职学生专业学习策略在学习成绩、班级、年级、专业等方面都存在一定差异，而且学习策略本身也极具个体性。因此，在对中职学生专业学习策略进行干预时，应在一定程度上关注不同年级、专业、成绩的学生特点，尽量因材施教，具体情况具体分析，分类进行专业学习策略的提高训练。

具体而言，在年级上，应重点关注一年级、二年级中职学生的学习策略培养，尝试改变中职学生到三年级学习策略才迅速提高的现状。同时，应意识到对不同成绩的中职学生而言，专业学习策略教学的侧重点可能有所不同。对于学习优秀者而言，其学习策略应用水平相对较高，应更关注深层学习策略的优化与提高，教师角色以指导调控为主；对于学习不良者而言，其学习策略应用水平全面不足，教师应对其重点关注，提供更为全面的帮助，教师角色可以教授为主。对于学习策略应用水平较高的学生，教师学习策略调节的程度若过强，则可能产生破坏性冲突，因此教师学习策略教学应以分享的、松散的方式进行；而对于学习策略应用水平较低的学生，若教师学习策略调节的程度较强，则更可能达到师生互动的一致。

值得注意的是，部分中职学生具有较强的逆反心理，可能长期以来与教师的关系都处于紧张状态，下意识地抗拒教师的教导。因此，对于这部分学生而言，就算其专业学习策略应用水平较低，教师学习策略调节强度也不应过大，而应采取更灵活、温和的学习策略教学方式，避免"硬碰硬"带来的严重冲突阻碍学习策略教学的实施。

（二）加强中职学生专业学习教学探索

1. 教学方式——专门训练与渗透训练相结合

对于学习策略的教学，一般通过两种方式进行：一是专门课程训练；二是专业教学渗透训练。对于中职学生专业学习策略，可通过专门的课程开展教学或训练。这种专门的学习策略课程主要针对某种重要的具体学习策略开展，指用一段课程时间专门对这种学习策略进行教学与训练，而不是将学习策略教学零散地穿插于专业教学之中；至于学习策略课程时间的长短，可因情况而定，可以是一系列具体学习策略教学组成的一门课，也可以是针对某种或几种学习策略开展的一两节课。这种方式的优点在于其集中性，专门教学能更好地培养中职学生对专业学习策略的意识，也有利于中职学生在短时间内系统地掌握、练习重要的具体学习策略。但这种方式容易打乱正常教学秩序，对教师的要求也较高。另一种方式为专业教学渗透训练，这种学习策略教学方式主要根据专业教学展开，多针对专业教学内容选择具体学习策略，有计划地在专业教学中渗透学习策略教学。这种方式的优点在于不需要另外的大量教学时间，且对教师而言更简单、更具体、更易实施。但这种方式的问题在于，对学习策略的教学比较分散，并且容易被专业教学所覆盖，学生的注意力往往集中于新的专业知识或技能的学习上，部分中职学生可能无法从渗透教学中提取并习得有效的专业学习策略。

学习策略专门课程训练与专业教学渗透训练各有利弊，在具体实践中，中职教师可根据不同情况，将两者结合起来，充分利用两者各自的优势，灵活地开展学习策略教学。例如，对于商务日语专业的中职学生，可在平时专业教学中渗透一些具体的学习策略，如单词记忆的方法、口语表达能力提高的技巧等；再利用一段专门课程时间对通用学习策略进行练习与巩固，如计划策略、调节策略等。此外，中职学生专业学习策略的培养还可通过各种课外活动或任务展开。如要求学生对每周的学习进行回顾反思，撰写反思日记；或者要求学生课后将某一阶段的所学内容整理成思维导图，并制作成卡片以便复习等。

2. 教学阶段——做到灵活组合，综合运用

中职学生专业学习策略的教学与训练可分为以下多个阶段：

（1）预备阶段：在此阶段，中职教师应识别、分析常见任务的有效专业学习策略，即教师明确教学内容与教学目标，以准备专业学习策略教学的阶段。教师应明确各种专业学习策略的内涵和外延，使之概念化、具体化、条件化，并构建策略体系，使之综合化。对各类学习策略的搜集途径包括：教师集体讨论针对当前学习任务的有效学习策略；通过调查问卷收集学生使用过的有效学习策略；通过对学生个体或群体的访谈了解具体的有效学习策略；通过研究文献、网络资料等搜索相关学习策略等。

（2）指导阶段。在此阶段，中职教师主要负责讲解、示范学习策略，确保学生听懂、看懂该学习策略是什么、怎么用、什么情况下用，是学习策略教学的关键之一。教师对学习策略的剖析与教授方法是灵活多变的，但应符合中职学生的学习特点与接受能力，并注意对学习策略所包含的内隐思维过程的展示。

（3）实践阶段。在此阶段，中职学生尝试使用新的学习策略，中职教师主要负责提供指导与帮助，使学生会做、能做并做得好，是学习策略教学的另一关键。实践的方式多种多样，可以是针对某一任务的个人训练，也可以是共同探讨学习策略的小组合作。学生通过对新的学习策略的实践与练习，尝试掌握新的学习策略，并逐渐了解该学习策略的效果以及该学习策略是否适合自己。

（4）反馈阶段。在此阶段，中职教师对学生的学习策略应用进行评价，并给出修正意见，当然也可以通过学生自评、学生互评等方式辅助反馈。本阶段的主要目的在于使学生发现自己在学习策略应用方面的问题，以促进学习策略应用的优化，并培养学生监测、管理学习策略应用的意识与能力。

（5）迁移阶段。在此阶段，中职教师给出新的学习任务，指导中职学生将学习策略应用到新的学习任务中，以对学习策略的教学进行巩固与拓展。在掌握多种学习策略后，学生还可根据自身情况，在新的学习任务中选择对自己而言最有效的学习策略，实现对学习

策略的个性化、综合运用。

值得注意的是，除了预备阶段之外，其他各阶段的教学都是可以互换顺序、反复进行的。例如，可以采用任务驱动教学法，让中职学生先完成某一学习任务，交流、讨论学生所使用的专业学习策略，然后教师再进行新的学习策略的讲解与示范，即先做再学，实践阶段先于指导阶段。教无定法，学习策略的教学或训练同样没有最优模式，教师应根据具体情况探索适合中职学生的模式。

(三) 完善中职学生专业学习培养条件

中职学生专业学习策略既受到学生个体因素的影响，也受到外在环境的影响。为优化中职学生专业学习策略，除了解决中职学生专业学习策略本身问题外，还应关注中职学生专业学习策略影响因素，并为学习策略的优化培养提供良好的环境与强有力的支持。

1. 形成中职学生学习的诊改机制

要有针对性地优化中职学生专业学习策略，必须对中职学生专业学习策略掌握与应用情况及时进行诊断，并对不足之处进行改进、完善。因此，可尝试构建中职学生学习策略诊断与改进的机制，以发挥学生、教师的主体作用，通过数据评估找出主要问题，再针对问题进行中职学生专业学习策略的进一步优化。

中职学生专业学习策略问卷可以作为问题诊断的参考工具，并在此基础上形成常态化的诊改机制：首先，定期通过问卷对中职学生专业学习策略应用状况进行调查，发现具体问题；其后，根据专业学习策略应用的现状、特征与问题，有针对性地进行学习策略教学或训练；最后，在专业学习策略教学或训练后再定期进行评估，监测问题解决的情况及学习策略水平的变化。

值得注意的是，这种诊断与改进不应是外在强加的传统评估，对专业学习策略进行诊改的目的不是据此对中职学生进行是优是劣的判断，也不是据此对中职教师专业学习策略教学效果进行打分，而应指向内部问题解决。中职学生专业学习策略的诊断与改进应杜绝运动化与功利化倾向。诊改的发起者可以是中职教师，也可以是中职学生自己。类似于其他心理学量表，对中职学生专业学习策略问卷的填写有助于中职学生对自我的进一步了解，同时还可提醒自己加强对未知学习策略、薄弱学习策略的学习与应用。

此外，根据调查可知，学习动机、学习兴趣、生涯发展目标与压力等对中职学生专业学习策略具有一定影响作用。学习策略与学习动机、学习兴趣的相关关系也在以往研究中多次被证实。因此，也可对中职学生专业学习策略的影响因素进行测评，尝试提高中职学生的学习动机与兴趣，加强生涯教育等，以间接促进中职学生专业学习策略的优化提升。

2. 提高中职教师学习策略的水平

要提高中职学生专业学习策略水平，提高学生学习策略的相关意识，对学生开展相关教学或培训，首先要提高中职教师的相关意识与教学水平。中职教师对中职学生专业学习策略的重视不足与认识不清是学习策略教学缺位的原因之一，中职教师学习策略教学的能力与水平还有待提高。当前中职教师对学习策略的教学还处于初步阶段，有部分教师有意识地进行了相关教学改革，有部分教师仅在专业教学中穿插了学习策略的介绍，还有很大一部分教师仅把目光局限于自身教学策略之上，对学生的学习策略介入不足。甚至有教师在访谈中反映，由于当前针对中职教师的教师教育尚存在诸多问题，不少中职教师自身的专业教学能力都比较欠缺，更遑论对学生专业学习策略的教学了。因此，在学校层面，应为中职教师提高学习策略教学意识与水平提供一定支持与帮助。

具体而言，中职教师个人应积极提高自身专业学习策略教学能力。如自我提问：当前学生专业学习的内容、问题、策略使用情况如何；该选择什么合适的专业学习策略；这种策略的使用条件是什么；使用程序是什么；是否能够迁移；应当如何投入教学；中职学校也可通过多种方式提高教师学习策略教学水平，如通过教师研讨会对学习策略教学进行推广、成立专门的项目组开展相关研究、在教师培训中增加相关内容、开设以策略培训为基础的研修班、开发基于策略培训的教学手册等。还可鼓励教师团体或个体与学校研究者合作开展有关学习策略教学的教育实验、组成教师代表团体共同研究学习策略等。

3. 优化专业学习培养的资源环境

中职学生专业学习策略教学的难点之一在于，中职学生专业学习策略教学在职业教育领域内还不够成熟，且个体差异极大。这即是说，对于中职教师而言，专业学习策略还是一个较为陌生的概念，不少教师既不知道所教专业应然的、有效的学习策略有哪些，也不知道该如何提高学生的专业学习策略水平，可谓在学习策略教学方面是无从下手的。同时，学习策略又极具个人色彩，适合这个学生的某一学习策略并不一定就适用于另一个学生；而中职学生学习策略应用水平的差异也为学习策略教学增加了困难。中职教师在很大程度上只能对重要的通用学习策略或针对所教专业的特殊学习策略进行全面教学，其时间、精力的有限性也使得其不可能针对每一个学生进行一对一的指导。对此，中职学校可通过增加学习平台或资源库内容的方式，辅助教师的学习策略教学与学生的学习策略学习。

当前，大多数中职学校都建设了数字化的教学资源库或学习平台。中职学校可在此基础上添加学习策略教学或学习资源，如鼓励教师积极收集学习策略教学的相关资料并通过资源库或平台进行共享、要求学生在学习平台上定时记录自己的学习策略并相互交流、开展学生电子学习日记活动等。当前已有一些中职学校针对当代中职学生的特点，开发了手机 App 进行教学。对中职学生专业学习策略的优化培养也应借助现代化、信息化手段，以解决资源不足与个性化的问题。

第二节　中职学生思维能力及其具体内容

思维能力主要指的是学生在学习、生活中以及平时的活动中每当遇到问题，总要"想一想"，这种"想"，就是思维，它是经过分析、综合、概括、抽象、比较、具体化和系统化等一系列过程，对感性材料开展加工并转化为理性认识及解决问题的能力。概念、判断和推理是思维的基本形式。不管是学生的学习活动，还是人类的一切发明创造活动，都离不开思维，思维能力是学习能力的关键，是学习能力的核心体现。

培育学生的思维能力是现代学校教学的一项基本任务。随着科学技术迅速发展，知识激增，知识的更新迅速，随之对教育提出了新的要求，要求其符合时代要求，就是要提高年青一代的素质。这就要求教师不但要教给学生现代科学技术知识，而且要把学生培育成勇于思考、勇于探索、勇于创新的人，从而强调教学要着重发展学生的智力。从心理学角度来看，智力的核心是思维能力。思维能力加强了，智力水平也就提高了。因此各国的教育都把培育学生思维能力当成教学的一项基本任务。

培育学生思维能力是一个很复杂的问题，它涉及逻辑学、心理学、教育学等许多学科的知识。同时，逻辑学和心理学都研究思维，可是它们的侧重面有所不同。逻辑学主要从思维的结果（或产物），例如，概念、判断、推理等方面来研究，而且注重研究正确思维的规律及形式，以及这些认识结果之间的关系。心理学则基本从思维过程本身来研究，着重研究思维过程中的规律，以及形成某些认识结果的内在的隐蔽的原因。因为思维过程与思维结果是密切联系着的，因此心理学与逻辑学对思维的研究也要紧密联系，并且互相补充，互相借鉴。发展思维能力也同样注重思维过程和思维结果紧密联系这一特点，忽视哪一方面都不可能获得良好的教学效果。

思维活动是多种多样的，依据人的不同发展阶段的思维特点来划分，可以分为以下阶段：

第一，具体形象思维：幼儿时期的思维特点。儿童思维是可以摆脱对动作的直接依靠，而凭借事物的具体形象或具体形象的联想（即在头脑中形成表象）。这阶段儿童可以进行一些初步概括，进行一些基本的描述，但概括出的特征很多是外部的、形式的。

第二，抽象逻辑思维：以抽象概念为形式的思维，是人类思维的核心形态，它主要依靠概念、判断和推理进行思维，是人类最基本也是运用最广泛的思维方式。一切正常人都具备逻辑思维能力，但一定有高下之分。抽象逻辑思维反映事物的本质属性和规律性联系的思维，是通过概括，判断和推理进行的，这是高级的思维方式。

第三，形式逻辑思维：简称逻辑思维，它是根据同一律为核心规律，进行准确的、无矛盾的、前后一贯的思维，它要求在同一思维过程中的任何一个概念必须是确定的，是与事物唯一相对应的。例如，A 就是 A，不可以是 A 又可以是 B。形式逻辑思维的特征主要是从思维形式（概念、判断、推理）上展开思维，它是抽象逻辑思维发展的初级阶段，所以也称为普通思维，形式逻辑也称普通逻辑。一般而言，10~11 岁是过渡到逻辑思维的重要年龄。这时学生的概括能力有了较明显的变化，并且正在逐步加强。

第四，辨证逻辑思维：简称辨证思维，它是以对立统一为核心规律而展开的思维，它注重从事物内部的矛盾性、概念的矛盾运动来展开思考，它把思维形式和思维内容联系起来，对事物的发展变化、互相联系、互相转化的过程进行思考。辨证逻辑思维是抽象逻辑思维发展的高级阶段，一定要在形式逻辑思维的基础上才能形成。心理学认为，9~11 岁孩子的辨证思维才开始萌芽，是很不成熟的。

第五，直观行动思维：这是婴儿时期（1 岁以后）的思维特点。这个阶段的思维是在对事物的感知、动作中进行的。婴儿离开动作就不能进行思考，也不能规划自己的动作或预见动作的结果。这阶段婴儿只可以概括事物的一些外部特征，不能对其进行进一步了解。之后长到成人，直观行动思维继续发展成操作思维。例如，运动员的技能就需要操作思维。

从个体发展而言，以上五种思维活动虽然是分阶段逐步发展的，但每进行到后一阶段时，前一阶段的思维特点并不因此暂停发展或消失，在一定条件下，还向更高的水平发展。例如，文学家、艺术家、建筑学家等的具体形象思维得到了高度的发展，并且会不断地进步。

传统的教学只注重思维的结果，忽视思维的过程。现代教学论则非常重视思维的过程，这样有利于发展学生的思维能力。因此新大纲也明确提出"要重视学生获取知识的思维过程"，其目的在于纠正之前只重视思维的结果的片面做法。但是反过来也不可以因此只重视思维过程，而忽视思维的结果，两者要处在同一重要程度。

学生在练习中出现错误，老师要指引他们找出错误的原因，检查在分析、推理部分存在什么问题。低年级学生还要注意结合操作、直观来阐明推理、分析数量关系，使学生的思维过程具体形象化，更方便理解、掌握和检查。还要注意逐渐培养学生认真听别人叙述的思维过程，并能判断别人的思维过程是否正确、合理，在此过程中不断学习总结，从而提升表达思维过程的能力。另外，教师要做到增强示范和指导，最根本的是要提升自己的逻辑学和心理学水平，不断研究和总结发展学生思维能力的经验，从而进行正确的指导。这样才可以切实完成新大纲规定的有关这方面的教学任务。

一、学生思维能力的培养意义

（一）思维能力是心理素质的重要部分

人脑有四个功能部位：一是从外部世界接受感觉的感受区；二是把这些感觉收集整理起来的贮存区；三是评价获得的新信息的判断区；四是按新的方式将旧信息结合起来的想象区。仅仅善于运用贮存区和判断区的功能，而不善于运用想象区功能的人是不善于创新的。一般人只运用想象区的15%，其余的还处于"冬眠"状态，不被人们所开发利用。开垦这块"冬眠"地带就要从培育幻想入手。想象力是人类运用储存在大脑中的信息展开综合分析、推断和设想的思维能力。在思维过程中，假如没有想象的参与，思考就发生困难。尤其是创造想象，它是由思维调节的。其实想象力是比知识还要重要的，因为知识是有限的，而想象力是无限的，拥有无限的想象力才有可能去开发新的知识。世界上第一架飞机，就是从人们幻想造出飞鸟的翅膀而开始的。幻想不仅能指引我们发现新的事物，而且还能激发我们做出新的努力、探索，去开展创造性劳动。

幻想是组成创造性想象的准备阶段，同时也是必备阶段。换言之，培养发散思维也是提升心理素质的重要因素。谓发散思维，是指假如一个问题可能有多种答案，那就以这个问题为中心，思考的方向向外散发，去不断探究，找出的答案越多越好，而不仅仅只找一个正确的答案。人在这种思维中，可左冲右突，在所有合适的各种答案中充分体现出思维的创造性成分。

我们对知识掌握得越多，就越有利于我们抽象思维的发展。发展直觉思维，所谓直觉思维就是不经过一步一步分析而突如其来的领悟或理解。发展直觉思维是创造性思维活跃的一种表现，它就是发明创造的先导，也是百思不解之后突然得到的硕果，在创造发明的过程中占有重要的地位。

培养思维的流畅性、灵活性和独创性也是很关键的。流畅性、灵活性、独创性就是创造力的三个因素。流畅性是针对刺激可以很流畅地做出反应的能力。灵活性是指随机应变的能力。独创性指的是对刺激做出不寻常的反应，具有新奇的成分。这三性是建立在广泛的知识的基础之上的。

因此，一个人，只有当他对学习的心理状态，总处在"跃跃欲试"阶段的时候，他才可以使自己的学习过程变成一个积极主动"上下求索"的过程。这样的学习，就不仅能得到现有的知识和技能，而且还可以进一步探索未知的新境界，发现未掌握的新知识，寻求一些新的理论，甚至创造前所未有的新见解、新事物。因此，心理素质最重要的是思维能力。

（二）思维能力可以培养学生独立思考

要培养学生的独立思考能力，除了激发学生的积极性，在方法上给以指导外，更需要让学生在实践中得到锻炼。

在教学中，教师目前很流行使用"精讲多练"的教学方法，45分钟用上10分钟讲授新知识，然后设计大量的习题给学生训练巩固。其结果是学生自由思考的时间太少，只是机械地反复训练，依然没有摆脱传统的框架。长此以往，有的学生只习惯于听老师讲解，不喜欢独立思考，没有自己的思维理念；有的学生感到负担过重，丧失了学习的兴趣和信心。

新课程培养目标是把学生培育成为有独立思考和独立行为的人。新课程所提倡的合作学习，必须是建立在自主探索的基础上才有好效果的，没有自主探索的合作交流是无法进行的，学生的智慧就不能产生碰撞，思想就不会实现交融。合作能提高人的能力，能形成集体的智慧，但应以每个学生的独立思考为基础，有针对性、目的性的讨论，才可以达到自主学习的要求。在产生问题后，不要急于组织或要求学生讨论，应留给学生一定的独立思考时间，让学生有机会去发挥自己的想象力，等学生产生了自己的想法后再参与讨论，组内同学相互交流看法时要言之有物，言之有理，并轮流在班内发言，再由本组同学补充，然后征求全班同学的看法，最后达成共识。否则课堂内的讨论与沟通将流于形式，如有些讨论时间小于2分钟，学生都在一起讨论，无法听清。这样讨论，很难提升学生独立思考和终身学习的能力，极易助长部分学生的依赖心理，产生不进行思考也可以得到答案的想法，造成两极分化。所以，在学生合作学习的过程中，既要让学生形成良好的倾听习惯，又让每一个学生都有表达自己意见的机会；这样学生的思维才会跟着独立起来。

二、学生思维能力的内容体系

"教学的实质是学生在教师指导下，通过思维活动来认识问题，寻求解决问题的方法，最后解决问题的过程。因此，在教学中应该注重培养学生的思维能力。思维能力的表现形式有三种：逻辑推理能力、直觉思维能力和发散思维能力。"①

（一）逻辑推理能力

教育过程中的逻辑推理能力是指正确合理地运用思维规律与模式对数学对象的属性或数学问题进行综合分析和推理证明的能力。逻辑推理能力是学生必备的数学能力。

教师在教学过程中应该重视对学生逻辑推理能力的培养，需要做到两个方面：第一，重视基本概念和基本原理的教学。数学知识并不是书本上枯燥的定义、法则和定理的堆砌。每章每节的内容一方面自成系统；另一方面又是对所学内容的分析和综合、比较和对照、抽象和概括、判断和推理，在学习这些知识的过程中，进一步提高他们分析、判断和推理的能力。第二，寻求正确思维方向训练的方法。数学推理过程是由一系列连续的过程组成的，因为前一个推理的结论极有可能是下一个推理的前提，并且推理的依据必须从众多的分理、定理、条件、已知结论中选取出来的。因此，教师在教学过程中首先要引导学生熟练掌握推理的基本技能，然后再注重培养他们运用"整体—部分—再整体"的思维模式去思考问题，提高他们化复杂问题为简单问题，化未知问题为已知问题的能力。这样一来，学生的逻辑推理能力就得到了有效的提高。

（二）直觉思维能力

在教学中，教师先要教会学生注意整体观察。然后，应注重学生数形结合思维的培养。数学是一门由大量数学知识、图形、方法、模式等信息组成的学科，学生在解决问题的过程中要反复运用这些信息，这样，头脑中就会形成一个个知识模块。一旦要解决问题，便会联想起这些知识模块，敏锐地对这些问题进行识别和分析，进而想到解题方法与思路。直觉思维能力的培养，是老师在教学过程中，需要教会学生的重要能力。

（三）发散思维能力

现代教育管理学认为，创新思维依靠于发散思维。发散思维是不按常规、寻求变异，从多方面、多角度寻求问题答案的思维方式。在教学中，首先，教育学生应该采取多种方法，当单一的方法不能解决问题时，应主动让思维向另一方法跨越，从多个方向思考问题，对已知的信息进行多角度、多方向的联想；其次，应该让学生独立思考问题，增加他们提出问题的机会；最后，适当进行"一题多变""一题多解""一法多用"的教学活动，

———————
① 关月玲：《培养学生的思维能力》，西北农林科技大学出版社 2013 年版，第 12 页。

这样多种方法教学可以提高学生的发散思维能力。那么，如何来采取这些方法呢？进行"一题多变"，可以通过题目的引申和变化来揭示各个问题间的逻辑关系，进行"一题多解"，可以从多个角度考虑同一个问题，分辨出各个方法间的差异和优劣；进行"一法多解"，能使学生对各知识点之间的联系掌握得更透彻，融会贯通，使他们的思维上升到一个新的高度，增强分析问题、解决问题的能力。

第三节　中职学生发散思维能力培养方式

下面以写作为例，探讨中职学生发散思维能力培养方式。对中职生来说，他们心里排斥作文。一提及作文，很多学生便产生负面情绪，写作文时，更是抓耳挠腮，绞尽脑汁，痛苦至极。对此，好多教师也是一筹莫展。每每触及习作的核心——立意时，无论是学生，还是教师，更是觉得困难重重。的确，立意对中职生来说，虽有一定的认识，但让其真正理解运用，也非易事。不过，立意并不是抽象到遥不可及的程度，如果教师操作得当，它不仅不会成为学生写作的拦路虎，反而会成为其学会写作文、体会写作乐趣的重要载体。

一、借助课堂阅读教学，增强学生认识能力

中职学生对立意的认识和理解，还需要借助某些很具体的实例或很形象的意念来完成，而获取这些具体的实例和形象意念的最佳途径莫过于教材中提供的范文。"所以教师深入研读教材，深入浅出地引导学生解读文本、理解文意，是让学生理解作文立意、学会立意的关键。"[①]

解读文本，要解读哪些内容，这是每一位语文教师必须思考的问题和每节课需要践行的教学行为。如果教师在教每一篇课文的时候，深入研读了教材，做到心中有数，就会较好地引导学生感悟文中作者传递的情感、揭示的道理，甚而至于引导其感悟语言的无穷魅力。反之，则不然。可见，教师对文本的理解感知程度直接决定着学生对文本的理解感知程度，以及由此而生发的思考、审美、探究等学习行为自觉程度。通过一个个具体的实例和具体形象化的意念，不仅有助于学生加深对文章立意的认识，也有助于提高他们这方面的能力，更有助于学生克服对作文的畏难心绪，提高写作兴趣。因此，以阅读为载体，为

---

① 牛富俭：《中职学生发散思维能力培养方式初探》，《甘肃科技》2016 年第 32 卷第 18 期，第 76 页。

学生恰当地、具体地、浅显地提供理解立意的方式、平台，让其深入、形象地对此予以感知，那些枯燥的写作方法、适当的写作素材、深刻的中心主题才有可能被学生灵活运用，让它们在学生笔下焕发出特有的生机。

二、设计立意专题教学，提高学生立意水平

事物的规律也许有其有趣的一面，往往一些至难之事可用至易之法就可得以解决。要让学生立体地认知立意，敢于在立意方向大胆尝试，主动创新，就必须帮助他们剥去立意神秘的面纱，形象清晰而又普通平凡地出现在学生面前，方可实现这一质的突破。因此，教师教学内容的设计就不能局限于教材，而是要放眼于更广阔的视界，其中，有些书中的文章题材就可以用来设计作文立意教学，引导学生加深对立意的认识。

三、善于利用各型话题，拓展延伸立意视角

作文即生活，生活即作文。可见作文与学生的生活息息相关，不可分割，离开了生活，学生的作文就是无源之水，无本之木。中职学生在生活方面已经有了一定的积淀与较为独立的看法，教师要善于利用这一点，针对生活中的某一种现象，引出话题，引导他们多角度进行讨论与分析，鼓励他们发表自己独有的见解与看法，这对学生在作文立意方面达到求新、求异的目标会起到细雨润物般的作用。

为此，教师可在课前或上课间隙，利用国内外、校内外的热点话题或教材中的某些内容或观点，引导学生进行讨论，鼓励学生表达自己的观点，如果学生出现观点一致的现象后，教师可及时予以引导，引导学生从多角度思考，说出自己的新观点、新看法，久而久之，学生积累的话题多了，体验也就变得丰富起来，这无形会促进其开放性思维的形成，最终还将体现在作文立意的创新上。

另外，教师也可创设话题引导学生讨论，重温经典就是一个很好的途径，对其主题再次进行剖析，捕到自己未捕到的信息，得到自己未得到的启发，悟到自己未悟到的哲理。结合现实生活和自己的生活体验，转换思维角度，挖掘经典中闪光的思想。

第四节　中职学生创新思维能力的培养

下面以英语学科为例，探讨中职学生创新思维能力的培养，纵观中职英语新教材，它充分体现了"以人为本"的教学理念，教材的编排与内容注重学生的发展，贴近学生的生

活，更倾向于在真实的情景交际中展现英语的实用性，着重培养学生的创新精神和独立思维能力，让学生更多地获得为适应学习化社会所需要的英语基本知识和技能。在英语教学中，培养中职学生创新思维能力的方法具体如下：

一、设计教学模式，激发学生创新思维

好的课堂教学效果，取决于教师课堂教学设计。"在教学过程中，教师应遵循教育学、心理学的原理，以学生为主体，以教师为主导，课堂应围绕着如何发挥学生的主观能动性，有利于学生创新思维能力培养而精心设计。"[①] 因此，在进行课堂教学设计时以下方面是不可忽视的：教学思路要清晰，教学环节要扣紧，教学重点要突出，教学目标要明确，教学活动学生参与要广泛，教学提问要有启发性，教学评价要有激励和推进机制，教学感情要投入，教学问题的处理要及时灵活，教学知识的总结要简明扼要。

例如，在教授 Unit4 Welcome to our party 时，先用多媒体放映一些国外的各种类型的聚会图片，并介绍学生熟知的圣诞晚会、化装舞会等，一开始学生就被这些鲜活的画面所吸引，自然兴致百倍，并由这些图片逐渐变化而深思。之后在情景对话中展示一些与聚会相关的食物和饮料的图片，引导学生用英语说出食品名称，学生自然不会觉得是在枯燥地学习单词。最后在讲授完毕后给学生放映生日聚会的 Flash 帮助学生展开情景表演。整堂课上，学生都积极思考和回答问题，没有一个学生偷懒打瞌睡，尤其是展开情景表演时，课堂上激情飞扬，收到了很好的效果。

二、巧设课堂提问，引导学生创新思维

课堂提问是教师在组织课堂教学中最常用的手段之一，科学的提问是具有启发性的，能激发学生开动脑筋，丰富想象，探求新知识。教师应在教学中抓住学生活跃的心理，从不同的角度考虑学生不同的学习层次设计提问。如采用比较法能引导学生进行横向和纵向的思维。在教过去进行时态时，教师不可忽视学生的现场活动，得先从现在进行时态提问入手。

A. What are you doing now?（教师问）

B. We're having an English lesson.（学生答）

C. We're studying English.（学生答）

当教师观察到学生已有了新的知识意向时，进行推进提问：①上下对话表达有何新异

---

① 刘晓旭：《新课标下中职学生创新思维能力的培养》，《黑龙江科技信息》2011 年第 3 期，第 181 页。

点？为什么？②谁能说出新的对话表达属于什么时态？这时学生会展开思维，开展讨论，抓住上下不同的时间线索进行对比，导出教学重点——过去进行时。学生在这种轻松、活跃的听说问答活动中不知不觉地钻进了新的知识领域，学得愉快，也学得明白。

三、策划益智活动，开创学生创新思维

开展课堂活动是为了营造一个宽松、活跃、和谐的学习气氛，提供学生展示自我学习能力、开创创新思维的又一个平台。让学生都能登上这个大平台，自然地走进英语学习的语境，展开思维，大胆地进行听说读写训练。课堂活动有多种形式，如看图说话、复述故事、对话表演、课文朗读比赛、小组讨论学习汇报、新单词学习记忆方法推介比拼、单词编写片段作文、小老师问题解答等。

活动益智法即为拓展法与交际法的结合。通过活动我们可以展开情景交际，活动为了巩固知识，活动为了发展思维，培养能力。教师首先要通览全英语学段教材，精研课文，然后根据教材的目标和新课程的能力训练体系，分单元设计活动内容和活动形式，例如，练唱英文歌曲、猜谜语、背小诗、模拟会话、讲述内容简单的小故事、角色表演等。除了在课堂上安排一些活动，课后也仍要组织一些益智活动培养学生的英语学习兴趣，还能巩固并拓展课堂知识。如开设"英语角"，让学生在 free-talk 中感受英语氛围，提高学生的英语交际能力；开辟"每周十题"英语学习专栏，设计出与单元知识相关的练习题，供学生自学，达到巩固新知，拓展视野的效果；定期举办英语朗读比赛、英语晚会等提高学生的听说能力。根据新课标理念，教师不再是演讲者，而是课堂活动的参与者和设计者，教师要在教学过程中运用自己的知识和能力，帮助学生发展学习策略，培养学生自主学习的能力，与学生共同参与到学习探究的活动当中。

四、总结知识规律，拓展学生创新思维

在教学中，教师总结教学经验、揭示知识规律及挖掘教学诀窍，将之交给学生，这是开拓学生创新思维必不可少的举措。教师总结的知识规律和挖掘的教学诀窍，实质上就是将知识浓缩，让学生有章可循地拓展知识并自主地运用知识。

如在教学英语基数词时，只须教学生学会从 one 到 twenty，从 twenty、thirty 到 ninety，加上 and、hundred、thousand、million、billion 等 30 多个单词，再加上容易上口的小诀窍，学生就可以轻松自如地读写任何一个英语基数词。它们是："十位个位一线连，百位后面 and 接，数中 0 用 and 代，万内数目多少个千。天大数字我不怕，三个数字一小节，从后往前三个词，Thousand million billion 插中间，随见随读乐无边。"

五、开辟第二课堂，延伸学生创新思维

英语第二课堂即课外活动的开展是课堂知识得以巩固和运用不可忽视的重要举措。教师还应重视第二课堂活动的开辟，如阅读课外读物，能让学生获得很多教材以外的语言信息，如中外文化习俗、政治军事、天文地理和体育科技等很多知识，丰富自我，还可以组织学生进行英语游艺活动、英语晚会、编写英语小戏剧、演唱英语歌曲和相互批阅试卷等。

青少年天真活泼，好学好乐好表现，教师若是给予学生课外的另一个平台，他们就有更广阔的空间来开创自我。他们学在其中，乐在其中，成长亦在其中。

总而言之，英语教学中创新思维的培养是一个与时俱进的课题，这个理念的建立与推进永远依托于教师的主导作用与学生的主体作用。

第五章 现代中职学生计算思维及其培育方法

第一节 计算科学与计算思维分析

一、计算科学的分析

从计算的视角，计算科学（computational science）是一个研究数学建模、定量分析以及利用计算机来分析解决问题的领域；从计算机的视角，计算科学是一个利用高性能计算来预测和了解现实世界物质运动或复杂现象演化规律的研究领域。

（一）计算原理

计算不仅是一门人工的科学，还是一种自然的科学。计算不是"围绕计算机研究现象"，而是研究自然的和人工的信息处理，计算机是工具，而计算是原理。一个领域的原理就是该领域中的诸元素（术语）的结构和表现方式。而丹宁将计算原理描述为运行原理和设计原理：前者指计算的结构和行为运转方式，后者指对系统和程序等进行规划和组织等。丹宁着重研究了运行原理，并将其归纳为八大要素：①计算，关注点是计算对象，其核心内容就是可计算性与计算复杂性理论等；②抽象，关注点是对计算问题的归约、转换及建模，其核心内容是概念模型与形式化模型、抽象层次、归约、分解与转换等；③自动化，关注点是信息处理算法与智能化，其核心概念是算法设计、迭代与递归、人工智能与群体智能等；④设计，关注点是可靠和可信系统的构建，其核心概念是模型、抽象、模块化、一致性和完备性、安全可靠等；⑤通信，关注点是不同场点间信息可靠传递，其核心概念是编码、传输、接收与发送、通信协议等；⑥协同，关注点是多个计算间步调一致，其核心概念是并发、同步、死锁、仲裁等；⑦存储，关注点是信息的表示、存储和恢复，其核心概念是存储体系、绑定、命名、检索等；⑧评估，关注点是计算系统的性能与可靠性评价，其核心概念是模型、模拟方法、基准测试程序等。

（二）计算透镜

卡普在《计算透镜》一文中提出："①很多自然的、工程的和社会的系统中的过程自然而然就是计算，计算就是执行信息的变换；②很多不同的学科领域（物理学、社会学等），传统的研究过程（处理过程）都是基于物质变换和能量转化，但也可视为计算，这些过程动态地执行以数字或数据表示的信息变换；③通过计算透镜，可以根据计算要求和变换信息的方式来看待自然的或工程的系统。""计算透镜"的理念也是要将计算作为一种通用的思维方式。

在不同的历史时期，人们取得的业绩与其说是天赋智能所致，倒不如说是他们拥有的工具特征和软资源不同所致。如今，计算科学已经成为各个学科研究中不可或缺的理论方法与技术手段，计算科学、理论科学和实验科学并列成为科学研究的三大支柱。美国 PI-TAC（总统信息技术咨询委员会）报告认为，21 世纪科学上最重要的、经济上最有前途的前沿研究都有可能利用先进的计算技术和计算科学予以解决。

二、计算思维分析

思维是具有意识的人脑对客观现实的本质属性和内部规律的自觉的、间接的和概括的反映。思维是认识的理性阶段，在这个阶段在感性认识的基础上形成概念，并用其构成判断（命题）、推理和论证，即思维是人思考问题和解决问题的能力。思维方式也是人类认识论研究的重要内容。

计算思维是运用计算的基础概念求解问题、设计系统和理解人类行为的一种方法。"计算思维是一种解析思维，融合了数学思维、工程思维和科学思维。计算思维的两个核心概念是抽象和自动化，计算是抽象的自动执行，自动化隐含着需要某类计算去解释抽象。"[1]

（一）计算思维的本质含义

计算思维吸取了问题解决所采用的一般数学思维方法、现实世界中复杂系统的设计与评估的工程思维方法，以及对复杂性的智能、心理、人类行为的理解等科学思维方法。计算思维建立在计算过程的能力和限制之上，由人或者机器执行。计算思维的本质是抽象和自动化，这种抽象超越了物理的时空观，完全用符号来表示，数字抽象只是一类特例。与

---

① 牛万程：《计算思维及程序设计基础》，北京邮电大学出版社 2021 年版，第 3 页。

数学和物理科学相比，计算思维中的抽象显得更为丰富，也更为复杂。数学抽象的特点是抛开现实事物的物理、化学和生物学等特性，而仅保留其量的关系和空间的形式，而计算思维中的抽象却不是如此简单，除去数量关系和空间形式之外，还要考量事物所处的系统环境和系统所关注的事物特性以及该事物和其他事物之间的关系。计算思维中的抽象还与其在现实世界中的最终实施有关，因此系统的边界以及由此可能产生的错误是不能忽视的。

抽象层次是计算思维中的一个重要概念，根据不同的抽象层次，有选择地忽视某些细节，最终控制系统的复杂性；在分析问题时将注意力集中在感兴趣的抽象层次或其上下层；各抽象层次之间的关系也是关键，计算思维中的抽象最终是要能够机械地一步步自动执行。为了确保机械的自动化，就需要在抽象的过程中使用精确和严格的符号标记建模，同时也要求计算机系统或软件系统生产厂家能够向公众提供各种不同抽象层次之间的翻译工具。

（二）计算思维的基本特点

计算思维有六个特征，见表5-1。

表5-1 计算思维特征

特征	误区	说明
概念化	计算机程序设计	像计算机科学家那样的思维，意味着远远不止能为计算机编写程序，还要求能够在抽象的多个层次上思维
根本的技能	刻板的技能	根本技能是每一个人为了在现代社会中发挥职能所必须掌握的，刻板技能意味着机械的重复。也许当计算机科学解决了人工智能的挑战——使计算机像人类一样思考之后，思维可以真的变成机械重复的模式
人的思维	计算机的思维	计算思维是人类求解问题的一条途径，但绝非要使人类像计算机那样去思考。计算机枯燥且沉闷，人类聪颖且富有想象力，是人类赋予计算机激情，计算机赋予人类强大的计算能力，人类应该好好利用这种力量去解决各种需要大量计算的问题

特征	误区	说明
教学与工程思维的互补与融合	就是一种教学思维模式	计算机科学在本质上源自数学思维，如同其他科学技术一样，其形式化建筑于数学之上。计算机科学又从本质上源自工程思维，由于基本的计算机系统受到的限制，迫使计算机科学家不能只是单纯地进行数学思考，而是要用构建虚拟世界的方法设计出超物理世界的各种系统。数学和工程思维的互补与融合很好地体现在抽象、理论和设计这三个过程中
一种思想	一种产品	不只是生产的软硬件产品，计算思维将以物理形式到处呈现并时时刻刻触及生活的方方面面。更重要的是计算的概念，这种概念被用于问题求解和日常生活的管理，以及日常交流和互动中
面向所有的人	仅是计算机软件开发的需要	当计算思维真正融入人类活动以至于不再表现为一种显式之哲学的时候，才会成为现实。就教学而言，计算思维作为一个问题解决的有效工具，应当在所有地方、所有学校的课堂教学中得到应用

（三）计算思维的体系结构

在计算思维的体系框架中（见图5-1所示），"计算"是核心，其他7个概念以"计算"为中心并服务于"计算"；7个概念中的"抽象、自动化和设计"是第2层次，是从不同方面对"计算"进行的描述："通信、协作、记忆、评估"蕴含在"抽象、自动化和设计"3个概念之中，是计算机科学中仅次于"抽象、自动化和设计"的基础概念，属于框架中第3层次的概念。

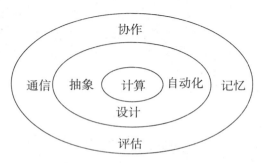

图5-1　计算思维的体系框架

第一，计算是执行一个算法的过程。从一个包含算法本身的初始状态开始，输入数据，然后经过一系列中间状态，最终要达到目标状态。计算不仅仅是数据分析的工具，还是思想与发现的原动力。因此，计算学科及其所有相关学科的任务归根结底都是"计算"，甚至还可以认为都是符号串的转换。计算包含的核心概念有：大问题的复杂性、效率、演化、按空间排序、按时间排序；计算的表示、表示的转换、状态和状态转换；可计算性、计算复杂性理论等。

第二，抽象是计算的模型化工具。计算思维的本质就是抽象化。抽象包含的核心概念有：概念模型与形式模型、抽象层次；约简、嵌入、转化、分解、数据结构（如队列、栈、表和图等）、虚拟机等。

第三，自动化是计算在物理系统自身运作过程中的表现形式，即人工任务能被（有效地）自动化运行是计算学科的根本问题。自动化意味着需要借助某种计算机来解释抽象，这种计算机是一台具有处理、存储和通信能力的设备。计算机可以被认为是一台机器，也可以是一个人，还可以是人类和机器的组合。自动化包含的核心概念有：算法到物理计算系统的映射、人的认识到人工智能算法的映射；形式化（定义、定理和证明）。程序、算法、迭代、递归、搜索、推理；强人工智能、弱人工智能等。

第四，设计是利用学科中的抽象、模块化、聚合和分解等方法对一个系统、程序或者对象等进行组织。在软件开发中，设计意味着两件事：体系结构和处理过程。一个系统的体系结构可以划分为组件及组件之间的交互活动及其布局。处理过程就是根据一系列步骤来构建一个体系结构。好的设计有正确性、速度、容错性、适应性四个标准。正确性意味着软件能符合精确的规格。软件的正确性是一项挑战，因为对一个复杂系统来说精确的规格是很难达到的，而证明系统本身就是一个棘手的问题。速度就是在期望的时间内完成任务。容错性意味着尽管有一些小错误但软件仍然能够正确地运行。适应性是指一个系统的动态行为符合其环境的使用。设计包含的核心概念有：一致性和完备性、重用、安全性、折中与结论；模块化、信息隐藏、类、结构、聚合等。

第五，通信是指信息从一个过程或者对象传输到另一个过程或者对象。通信包含的核心概念有：信息及其表示、香农定理、信息压缩、信息加密、校验与纠错、编码与解码等。

第六，协作是为确保多方参与的计算过程最终能够得到确切的结论，而对整个过程中各步骤序列先后顺序进行的时序控制。协作包含的核心概念有：同步、并发、死锁、仲裁；事件以及处理、流和共享依赖，协同策略与机制；网络协议、人机交互、群体智能。

第七，记忆是指通过实现有效搜索数据的方法或者执行其他操作对数据进行编码和组织。计算思维表述体系中的记忆是人们讨论大数据背后的原理之所在，没有"记忆"的大数据就是空谈。记忆包含的核心概念有：绑定；存储体系、动态绑定、命名（层次、树状）、检索（名字和内容检索、倒排索引）；局部性与缓存、抖动、数据挖掘、推荐系统等。

第八，评估是对数据进行统计分析、数值分析或者实验分析。评估包含的核心概念有：可视化建模与仿真、数据分析、统计、计算实验；模型方法、模拟方法、基准；预测与评价、服务网络模型；负载、吞吐率、反应时间、瓶颈、容量规划等。

（四）计算思维的现实作用

计算思维表述体系的建立，有助于计算领域以外的人了解和运用计算思维。虽说计算作为一门学科存在的时间不长，但已经获得非同凡响的影响力。计算思维代表着一种普适的态度和一类普适的技能，如同所有人都具备读、写、算能力一样，计算思维是必须具备的思维能力。计算思维不仅仅是计算机科学家的思维，这种普适的思维能力早已不再局限于计算机领域。计算思维所提出的新思想、新方法对各个不同学科研究领域产生着深远的影响，将会促进自然科学、工程技术和社会经济等领域产生革命性的研究成果。

在分子生物学领域取得的研究进展中，计算和计算思维已经成为其核心内容，计算生物学正在改变着生物学家的思考方式。在农业学科中，同样在利用计算机进行海量数据的分析，建立模型进行快速模拟和预测，指导基础性实验，在动植物育种、环境保护等多个领域获得具有前瞻性的研究成果，计算思维正在改变着传统农学家的思考方式。在研究许多复杂的物理过程时，最佳方式也是将其理解为一个计算过程，然后运用算法和复杂的计算工具对其进行分析，物理学家和工程师们仿照经典计算机处理信息的原理，研究远比电子计算机更具有超凡能力的量子计算机，已取得很大的进展，量子计算正在改变着物理学家的思考方式。从计算金融学到电子贸易，计算思维已经渗透到整个经济学领域。在化学中，利用数值计算方法，对化学各分支学科的数学模型进行数值计算或方程求解，对化学反应的现象进行模拟，对化合物质进行分类识别，用优化和搜索算法寻找优化化学反应的条件和提高产量的物质等。随着越来越多的档案文件归入各种数据库中，计算思维正在改变社会科学的研究方式，甚至音乐家和其他艺术家也纷纷将计算视为提升创造力和生产力的有效途径。

总体而言，计算思维正在或已经渗透到各个学科、各个领域，甚至包括心理学、语言学、数学、物理学、统计学、社会学等学科，改变着人们传统的思维方式，并正在潜移默化地影响和推动着各领域的发展，成为一种发展趋势。计算思维为人们提供了理解自然、社会及其他现象的一个新视角，给出了解决问题的一种新途径，强调了创造知识而非使用信息，提高了人类的创造和创新能力。

第二节　基于课标的中职学生计算思维培育

在《中等职业学校信息技术课程标准》中，计算思维被确定为信息技术课程学科素养，是此次研制工作的突出特色。培养学生计算思维能力成为中等职业学校信息技术教学的重要内容。计算思维是指个体运用信息技术的思想方法，在分析处理信息、解决问题过程中产生的一系列思维活动。这是一个过程性描述，从结果看，计算思维主要包括界定问题、抽象特征、建立模型、组织数据、形成方案及迁移运用等思维能力。

随着经济社会的发展，原中职计算机应用基础课程教学大纲的要求，已经不能适应当前作为"信息技术原住民"的学生实际需求和社会、经济发展需求。创新是国家综合实力不断提升的源泉，计算思维的培养有助于帮助学生在未来更好地适应信息社会的发展变化，也更能体现信息技术课程的学科价值。随着新一轮课程改革的深入开展，编程也将成为信息社会"原住民"的基本技能，真正需要发展的是基于计算思维的创新思维品质。培养中职生计算思维的有效途径具体如下：

一、通过可视化数据处理来培养学生的计算思维

充分利用可视化数据处理工具也能实现学生计算思维培养。不可否认，程序设计课程是实现计算思维培养的重要途径，但是计算思维培养不一定非要通过程序课程来实现，"可视化数据处理工具不仅能帮助中职学生形象化地理解算法思维过程，还能为学生实现编程解决问题提供一个思维跳板，从而降低编程的难度"①。

二、通过模块化程序设计来培养学生的计算思维

计算思维是培养学生像计算机科学家那样去思考问题，而不是让学生程序化地编写代码。中职生思维能力和程序设计基础尚未达到大学生的水平，再加上信息技术学科在整个课程体系中所占学分比重有限（与通用技术共占学分），要求中职生人人都能设计完整功能的程序代码需要更多的课时支持。教师可以引入模块化程序设计思想开展教学，以函数、插件、积件等"黑匣子"形式为学生提供底层的复杂程序功能，让学生通过调用来实现自己个性化的设计。模块化程序设计往往采用自顶向下的方法，将问题划分为几个部

---

① 胡殿坳：《基于课标的中职学生计算机思维的培养》，《江苏教育研究》2021 年第 Z3 期，第 51 页。

分，每个部分相对独立又互相支撑。

在信息技术课程教学中适当引入模块化程序设计思想，有助于引导学生"像计算机科学家那样去思考问题"，避免学生因不能编写复杂的程序代码而畏惧编程，同时避免了学生只能编写简单的、不利于深度培养计算思维的基础性代码。目前流行的 Scratch 编程工具因为封装了很多复杂的程序模块而使学生更容易上手，广义上说也是模块化程序设计思想的应用。

三、通过学科融合来培养学生的计算思维

无论信息技术课程标准怎样变化，信息技术都是为我们的生活、学习和工作服务的。在学科融合中开展信息技术教学依然是落实信息技术课程目标的有效途径，这是信息技术教师彰显学科价值和提升学生兴趣的"有效方法"。计算思维是普适性的，是支持其他学科发展的思维工具和方法。教师可以引导学生运用信息技术解决其他学科或专业领域遇到的问题，通过抽象、建模、处理等过程培养计算思维。目前已有计算思维同人文学科的学习有机融合。学科融合的方法和时机需要教师根据教学内容灵活把握。例如，在进行"小型网络系统搭建"教学时，可以组织学生为其他学科开发简单的在线测试系统，并运用到实际的教学测试中，激发学生兴趣。还可以通过分析测试的安全性进行信息系统安全意识的渗透。当然，学科融合不仅仅是内容的融合，还需要深层次的融合，真正运用信息技术工具解决学科问题。教师还可以采取项目教学法，开展跨学科的深度融合，在项目实施过程中培养学生计算思维。

四、通过优化创新来培养学生的计算思维

计算机解决问题的最大优势就是快速、自动，而计算机专家在思考解决问题方法时经常用递归、循环等手段实现自动化的大数据处理。当数据样本达到一定极限时，算法的优化至关重要，所以在培养学生计算思维的时候不能局限于"完成任务"，还要进一步渗透"算法优化"的思想，这对学生计算思维的长远发展至关重要。计算思维的形成不是一蹴而就的，中职生在学习计算机专家思考问题的方法时，需要从简单问题和方法入手，面对相对复杂的问题，可以通过修改他人作品培养计算思维。学生很难在有限的课时内探究出一些完整的算法和作品。分析、理解经典算法和作品，并在此基础上鼓励学生进行修改、优化和创新，也不失为帮助学生培养计算思维的有效途径。

计算思维的提出是中职信息技术课程的重要变革，体现了信息技术课程的内在价值，也进一步提升了信息技术的学科地位。信息技术教师应适应时代的发展，积极参与培训，

不断加强学习，勤于思考，大胆尝试，不断创新，总结经验，有效落实计算思维培养目标。

第三节　基于任务驱动教学的中职学生计算思维培育

一、基于任务驱动教学的中职学生计算思维培育依据

（一）中职学生计算思维培养的现实需求

随着信息科技的飞速发展，中国已经成了数字中国，学生也在逐渐成为数字土著，综合能力的范围也不同于往日，多种技能的掌握已然是常态。作为一种解决问题的强有力思维武器，计算思维的获得在当今尤为重要。计算思维并不是高智商科学家所特有的，而是人们应该掌握的，包含在综合思维能力内的一种思维能力。观察、记忆、书写加工等基础学习能力上的高阶思维能力所包含的内容有创新思维、批判性思维、算法思维等，任有群教授认为在综合思维能力阶级下的高阶思维能力是计算思维的缩影，同时也是创新型人才的必备品质能力。

中职学生正是思维发展和培养的关键时期。学生认知结构的各要素自发发展，形式运算能力不断提高，自觉性明显增强，思维发展方式正由经验向理论转化，但是抽象逻辑思维的发展属于初期，在面对问题时，没有形成较系统的灵活的思考方式。对于学生思维能力的培养除了自身意识外还需要借助外部指引和训练，因为学生在该阶段获得和形成的思维能力将是奠定以后学习和工作的有力支撑，需要多方的参与以夯实基础。中职课程改革已经将计算思维纳入了信息技术核心素养标准之中，将其作为中职学生必备的关键能力，作为未来的技术技能型人才，中职学生的计算思维培养不容懈怠。计算思维作为一种前卫的思维方式、作为一大未来竞争力，是每一名中职学生、每一名学生乃至未来每一个社会成员所必需的一种能力，更须重视其的培养，作为地基的中职教育，则是更要看重学生计算思维能力的培养。

（二）应用任务驱动教学模式的优势分析

计算思维作为一种思维方式，不是抽象概念，而是人们通过长期大量的实践经验积累、总结出来的，它并不是计算机专业独有的，而是一种通用的灵活的思维方式，且这个

思维方式是从事各行各业都需要掌握的。单靠理论学习是无法掌握计算思维的，必须经由大量的实践。和文学创造与数学推导不同，计算思维强调实践性的解决方案，不是理论正确就好了，要在实际中可行才可以；毕竟，实践是人类对客观世界的认知及理论的来源，也是检验理论的有效标准。所以其培养最好依靠操作性的学习知识，在实践和学习的过程中逐步培养。在这种情况下，对于培养学生而言，实践性强的课程或教学活动侧重实践就成了较佳的习得计算思维的方式。课程类型的开设是有一定限制的，所以教师选择怎样的教学方式也就变得额外重要了。教学本就不应简单地灌输知识，而是应该去选择一种有效的教学方法，尽可能地将教学内容与学生的生活或实践经验结合起来，引导学生在实践中自发地学习及提高自身能力。

中华人民共和国教育部出台的《关于职业院校专业人才培养方案制订与实施工作的指导意见》，提出了将技术与业务融合的理念，提出职业教育要重视实践应用，实践性教学有待继续加强。文件也强调要为中职学生提供更多动手探究的机会，让学生因为动手做激起学习与探究的欲望，提倡运用综合知识技能解决问题。只有在做的过程中学习才是真正意义上的习得，所以在"做中教，做中学"的提法不仅为职业教育教学目标指出了方向，也是我国职业教育及其改革的理论意义与现实意义。职业教育一直是我国探索技术工匠型人才的培养路径，肩负着培养多样化技术技能型人才的职责。对于中职学生来说，掌握了一门专业技术相当于有了谋生的本领，离开学校后才能独立地向前迈进。所以培养技术，促进就业是很多中职学校的办学特点，实践为主的教学形式理所当然成为中职课堂所要遵循的客观规律。在新一轮的中职课程改革中，任务驱动教学模式在中职教师中应用颇多，从教学角度出发，任务驱动教学模式强调学习者的主体性和能动性，注重动手能力、强调技能提高的学习过程，提供学生更多体验学习的机会，让学生在实践练习中掌握本领技术。这种模式较适合应用于实践性、操作性强的教学内容。

在传统课堂上，教师一味传输知识，学生一味机械地接受知识，很容易失去学习的兴趣，这对于计算思维的培养来说更加困难。任务驱动教学模式中，学生学习首先接触的不是具体知识内容，而是进入教师创设的情境后接收到需要解决的任务，因为相比面对枯燥抽象的知识，学生会对一个具体任务更感兴趣，在面对具体的任务时，学生才会形成动手解决的动机。

（三）任务驱动教学为计算思维培养提供可能

学习的过程必然伴随思考的发生，学习与思维不是彼此孤立的，二者具有紧密的联系。对于学生而言，学校是获取知识和技能的主要场所，教学是学生技能培育的主要方法，课堂是学生学习的主要场所。类比教和学的辩证关系，计算思维的培养也需要依托于教学，扎根课堂。思维本身是抽象性的，计算思维亦是，这种非具象符号的习得需要借助知识技能的发展进行培养，而任务驱动教学可以用"任务"这一直观的方式将思维的抽象概念转化为具体的问题和解决方法，满足计算思维的培养。任务驱动教学法的核心是"做中学"，注重具体问题的解决，以任务组织教学，适用于以实践性与操作性为主的教学，这与计算思维的培养特性不谋而合。所以，可以利用任务作为载体培养计算思维，将计算思维五个方面的要素看作计算思维的外在表现形式，融入任务驱动教学实践中，那么在教学过程中不仅可以让学生掌握相关知识与技能，而且也有望培养学生的计算思维能力。

二、基于任务驱动教学的中职学生计算思维培育模式

中职阶段的学生一般年龄在 15~18 岁，根据心理学家皮亚杰的认知发展阶段论，该阶段学生的思维能力特征主要表现为归纳演绎、抽象概括、逆向思考、分析综合和创新创造。结合中职学生认知特点，将计算思维培养的五个要素与任务驱动教学的五个环节进行整合，通过直观图像的方式将两者之间的内在联系得以具象化，如图 5-2 所示①。

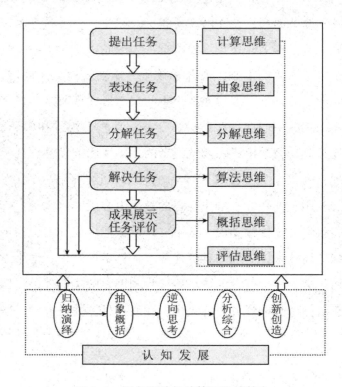

图 5-2　任务驱动与计算思维的整合

① 吴康美：《面向中职学生计算思维的任务驱动教学应用研究》，重庆师范大学 2021 年学位论文，第 19 页。

在符合中职学生整体认知发展的过程中，根据任务驱动每个环节的实际特征，将其与计算思维五个培养维度一一整合对应，其中表述任务、分解任务、解决任务、成果展示和任务评价分别对应计算思维要素的抽象思维、分解思维、算法思维、概括思维和评估思维，评估思维贯穿整个教学过程。这样围绕任务驱动教学所进行的每一步活动都带有目标性，都有针对的培养计算思维的某一要素。要注意的是，任务驱动教学第一环节的设计需要以任务情境的方式呈现，提出任务后学生即是主体，经过任务的分解、任务的解决方案制订，再到将制订的方案通过计算机转化为可执行的操作的连贯性步骤，培养分解思维和算法思维。经过不断的模式化循环练习，学生对待问题有一套系统的反应方法，也能够掌握学习方法的知识与技能并将其迁移到其他问题的解决中，即是学生与计算思维融入任务驱动的学习方式相互作用的产物，更直接地说即代表着计算思维的初步养成。

在以上理论和分析的基础上，绘制出了面向中职学生计算思维的任务驱动教学模式，作为整个研究的理论支撑。如图 5-3 所示。

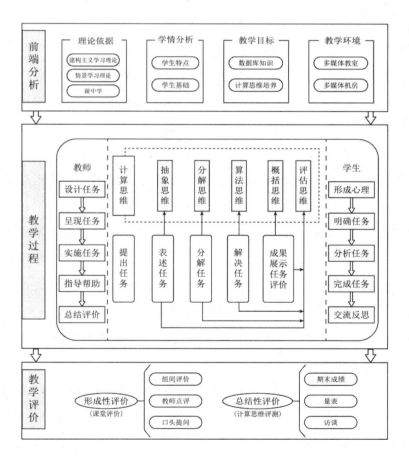

图 5-3　面向中职学生计算思维的任务驱动教学模式

由图 5-3 可以看出，本书所构建的教学模式的框架整体分为三个部分：第一部分为前端分析，第二部分为教学过程，第三部分为教学评价，其中教学过程是该模式的核心。前端分析包括研究的理论依据、学生特点和基本情况的分析、教学目标和教学应用的环境四个方面，是开展教学实践的前提。教学过程作为该模式的第二部分，不仅是前端分析的进一步落实，也是教学实践的体现和教学评价的客观对象，在模式设计中具有中间砥柱的作用。该部分的内容主要是任务驱动教学的五个方面，提出任务、表述任务、分解任务、解决任务及成果展示和任务评价，该流程作为导航指引着师生活动的方向。师生活动中教师活动主要有设计任务、呈现任务、实施任务、指导帮助和总结评价这五个部分，学生的活动主要有课前预习、明确任务、分析任务、完成任务和交流反思这六个部分。以任务作为起点，将思维培养融入问题解决和实际任务的完成过程中，从而实现计算思维的内化培养是该模式设计的核心。在一定教学环境下，教师结合课程目标、计算思维培养及学生学情等多方面的分析，围绕任务进行教学，同学生一起参与到教学活动中，在整个过程中，不仅要做指导者、参与者，也要做计算思维的培养和促进者；学生在此训练下掌握了好的学习方法，促进计算思维能力更广泛地迁移。

第一，提出任务。知识是不变的，但呈现形式是灵活的，可以通过活动、任务或问题的带动间接向前发展。在进入学习状态之前，学生的主观能动性发挥需要一个"导火索"，教师需要为学生创设一个任务情境，所提出的任务包含需要学习掌握的知识技能并接近学生的学习或生活经验。

第二，表述任务。在该环节进行前，教师要提前做好准备，通过创设贴合学生学习或生活经验的任务情境，为学生对知识与技能的学习和深度理解及下一步活动的进行奠定良好基础。学生在教师的引导下需要了解任务驱动的流程，形成学习心理。在如今的信息化环境中，很多问题出现的形式不是直白的，需要借助必要的工具来进一步抽象，也就是理解，因为问题只有在被抽象化之后，在后续的探究中，才有运用相应的手段解决。这一环节属于计算思维中抽象思维的培养，对于中等职业学校二年级的学生来说难度不大，可以采用协作交流的方式来强化学生对任务的概念化理解。

第三，分解任务。在分解任务环节，学生首先需要明确任务的需求，将任务抽象化，然后在一定理论基础上进行分解，分解为若干个容易解决的子任务。在任务分解的过程中，学生可自主或小组协作尝试制订分解方案，通过讨论来分析所制定解决方法的优点与不足，最后根据共同讨论的结果和教师的指导对步骤优化处理。

第四，解决任务。解决任务环节主要是指学生通过制定的有序步骤解决问题的过程，也就是动手操作将制订的一个个方案变成现实的过程。从实际上说，方案的实施也就是算法的设计与执行的过程，其间需要不断地进行修改和改善。在过程中进一步学习新的知识与技能，也在动手的过程中将新知识纳入了知识体系，而且在操作的过程中也能够比较深刻地理解所学内容。在分解任务和解决任务两个教学环节中，学生的分解思维、抽象思维以及评估思维将会逐步得到锻炼和培养。

第五，成果展示、任务评价。这两个环节可以作为任务驱动教学的最后一个环节，也是较为重要的环节，在完成情境中的任务后，教师组织学生展示作品、评价，引导学生对整个任务解决过程进行梳理、反思、总结及对今后遇到问题的指导意义。该环节主要是对学生的评估思维和概括思维的培养。

模式的最后一个部分是教学评价，包括形成性评价和总结性评价。课堂上的评价主要是形成性评价。形成性评价是在教学过程中为改进和完善教学活动而进行的对学生学习过程及结果的评价。也是指教师和学生作为评价主体共同作用的一种方式，在课堂教学过程中使用较多。任务驱动的整个教学过程多用到这种评价，在该研究中包括组间评价、教师评价及口头提问或者课堂小测试等，是贯穿教学过程始终的主要评价方式。对计算思维的评价是总结性评价，不仅是反映教学效果也是对教学模式的应用和计算思维培养情况的直观反馈，由期末成绩、计算思维量表和访谈三种方式组成。

第四节　基于混合式学习的中职学生计算思维培育

一、混合式学习的理论体系认知

（一）混合式学习的概念

混合式学习是指为达到"教"与"学"的目标和获得较好的教学效果，对所有的"教"与"学"中的组成要素进行合理选择和优化组合，使"教"与"学"的相关成本达到最优的理论与实践。为了提高学习者的学习满意度，使得数字化学习和传统课堂教学相互结合和互补，优化学习资源的整合，提高学习效果，应该充分发挥课堂学习中教师的主导作用和学习者的主体作用。教师和学习者的"数字人格"也将逐渐形成，教师应该通过有意识的课程重新设计过程来创造变革性的融合。整个课程的教学模式将被重新概念化和设计，保留面对面的部分，从讲授转向以学习者为中心的教学，学习者成为活跃的互动学习者。最初，新技术可以有效而缓慢地引入主要是面对面的课程，这取决于教师和学习者对混合教学和网络技术的专业化水平。混合式学习对所有参与者的转变潜力依赖于多种形式、复杂交互程度和不同方式教与学之间的相互作用。

1. 混合式学习的广义概念

随着网络的普及和数字化学习的发展，为了能够适应培训对象在时间与地点方面的多样性需求，企业培训领域首先出现一个词语——混合式教学/学习（blended learning）。在国际教育技术界，"混合式学习"的思想随即被认可，并被引入学校教育中。众多学者便投入混合式学习理论的研究，开始反思学习理论与技术应用方式，试图用混合式学习来实行"回归"，即综合运用不同的学习理论、不同的技术和手段以及不同的应用方式来实施学习。

混合式学习的范畴很广，广义而言，可以概括为不同形式、不同技术、不同文化和不同制度的混合，涵盖学习理论、学习资源、学习环境、学习方式和学习风格的混合。混合式学习是对所有的教学要素进行优化选择和组合，以达到教学目标。教师和学生在教学活动中，将各种教学方法、模式、策略、媒体、技术等按照教学的需要娴熟地运用，达到一种艺术的境界。从最广泛的意义上讲，混合式学习就是各种各样的技术/媒体与常规的面对面课堂活动相结合，可以理解为是对各种学习媒体、学习模式、学习资源、学习环境、学习内容、支持服务等学习要素的有效混合。

2. 混合式学习的狭义概念

在新技术条件与历史背景下，"混合式学习"被赋予了新的含义，广义的混合式学习是从数字化学习发展而来的概念，它将数字化学习与更多的传统教学和开发方法混合起来。混合式学习应该提供一个最完美的解决方案，以适应学习者需求、学习者风格和个体学习定制。例如，柯蒂斯·邦克在《混合式学习手册》中，将混合式学习界定为面对面教学和计算机辅助学习的结合。这个定义考虑到了"混合式学习"的概念是在因特网出现之后才逐渐形成的，并且指明，混合式学习的形式可以非常多样化，教师和培训者们需要根据不同的学习对象、学习需求和学习情境进行开发，这为应用混合式学习进行课程设计的教师提供了创新的机会。学习者有一部分的时间在真实的物理环境（如教室）中进行面对面的学习，有一部分的时间将在虚拟环境（如网络平台、虚拟学习社区、移动学习载体等）中进行学习。

在教育界和媒体中，使用"混合式学习"有一个"金发带问题"的困惑，即人们使用这个术语一部分太宽泛，指的是教室中使用所有教育技术；另一部分太狭窄，只指他们最喜欢的混合式学习类型。创见研究所提出，混合式学习是在线学习和面对面教学的整合性学习体验。该定义有三个组成部分：在正式教育项目中，学习至少有一部分是通过在线学习（online learning）进行的，且学习者能自己控制时间、地点、路径/进度；至少有一部分是在家庭以外的有监督和指导的实体场所进行的；它是一种整合式的学习体验，该定义的第一部分是把混合式学习与技术教学，如多媒体教学等区分开来；第二部分是为了与发生在咖啡馆、图书馆或家中的全职在线学习区分开来，同时避免提供监督和指导的人是学习者的家长或其他非专业人士，将"正式教育"与非正式学习区分开来；第三部分是在一门课程或科目中，每个学习者的学习路径上的模块是相互连接的，以提供一种整合性的学习体验。为了防止出现在线学习和传统课堂教学不协调的问题，大多数混合式学习过程使用基于计算机的数据系统来跟踪每个学习者的进度，并尝试将多种模式（如网上、一对一或小组学习）匹配到适当的层次和主题。混合式学习的关键思想包括学习过程中任何形式的实际"混合"。

　　狭义上的混合式学习是指在线教学如何与课堂教学相融合，其中并未考虑技术/媒介在混合式学习中扮演的角色，混合式学习的参与者可以划分为三种角色，并从这三种角色的角度和观点来定义混合式学习：从学习者的观点看，混合式学习是一种能力，指从所有可以得到的，并与自己以前的知识和学习风格相匹配的设备、工具、技术、媒体和教材中进行选择，以适于自己达到教学目标；从教师和教学设计者的观点看，混合式学习是组织和分配所有可以得到的设备、工具、技术、媒体和教材，以达到教学目标，即使有些事情有可能交叉重叠；从教育管理者的观点看，混合式学习是尽可能经济地组织和分配一些有价值的设备、工具、技术、媒体和教材，以达到教学目标，即使有些事情有可能交叉重叠。

　　综上所述，国内外对混合式学习的定义经历了由宽泛到细化、由广义到狭义的过程。从"混合"一词的定义而言，其含义是宽泛的，甚至可以将"各种学习理论的混合""各种教学媒体的混合"等都纳入混合式学习的范畴。这种解释导致混合式学习包罗万象，甚至找不出几种不是混合式学习的模式，使得混合式学习实质上失去了成为一个独立概念存在的意义。经过多年的发展，混合式学习已经从广义的"混合"逐渐过渡到狭义的"混合"，即特指通过面对面学习与网上学习相结合的方式来达成学习的目的。

（二）混合式学习的本质

1. 混合式学习是教学设计的思想

　　在《混合式学习案例研究》中，霍夫南提出，在混合式学习背后隐藏着一种思想，就是教学设计人员将一个学习过程分成许多模块，然后再决定用最好的媒体将这些模块呈现给学习者。同时进一步指出，不同的媒体包含很多技术成分，如传统的课堂或试验环境、阅读作业、绩效支持工具、电话培训、单机网络培训、异步网络培训、同步网络培训等。混合式学习思想也可以融入信息化教学设计中，提倡以学习者为主体、教师为主导的教学设计方法。

2. 混合式学习是网络下的教学策略

数字化学习可以视为一种基于网络环境发展起来的新兴教学策略，这种教学策略通常以虚拟学习环境为基础，通过基于计算机的标准化学习系统为数字化学习的内容传递提供支持，促进师生在线交流。混合式学习是指综合运用不同的学习理论、不同的技术和手段以及不同的应用方式来实施教学的一种策略，它通过有机地整合面对面的课堂学习和数字化学习两种典型的教学形式，而成为当前信息通信技术（ICT）教学应用的主要趋势，其目的在于融合课堂教学和网络教学的优势，综合采用以教师讲授为主的集体教学形式、基于"合作"理念的小组教学形式（讨论学习和协作学习）和以自主学习为主的教学形式。

3. 混合式学习是提高绩效的学习方式

美国培训与发展协会认为，混合式学习是采用不同传递方法降低成本和优化产出的一种学习方式。印度 NUT 公司发表在美国培训与发展协会网站上的《Blended Learning》白皮书中，教学设计专家们提出混合式学习应被定义为一种学习方式，这种学习方式包括面对面、实时的 E-Learning 和自定步调的学习。混合式学习是对数字化学习进行反思后出现在教育领域的一种学习方式，其主要思想是将面对面教学与数字化学习两种学习模式进行整合，试图寻找既能发挥数字化学习的优势，同时又能获得最高的效率而投入最低的学习方式。混合式学习是学习过程中最合理和自然的进展，它为构建适应个别化需求的学习和开发利用提供了极好的解决方案。

4. 混合式学习追求效果的最优化

混合式学习的深刻内涵是为学习者提供最恰当的学习内容，而恰当性与时间、空间、学习技术、学习风格、学习需求等多方面信息有关。混合式学习就是要把传统学习方式的优势和 E-Learning 的优势结合起来。只有将这两者结合起来，使两者优势互补，才能获得最佳的学习效果。混合式学习的关键不在于混合哪些事物，而是在于如何混合，即在适当的时间，为适当的人，以适当的传递媒体，通过适当的学习方式，提供适当的学习内容。混合式学习不仅仅是将各种要素简单地叠加在一起，而是研究各要素之间的关系，就像化学反应，它将各个要素进行"化合"，使各要素通过化合的过程，产生想要的效果。

5. 混合式学习是一种颠覆性的创新

颠覆性创新的概念是美国哈佛商学院教授克莱顿·克里斯坦森出版的《创新者的困

118

境：当新技术导致大企业失败时》一书中首次提出的一种技术创新理论，后来，美国创见研究所出版了《翻转课堂：颠覆性创新将如何改变世界的学习方式》，该书倡导用颠覆性创新打破标准化的工厂式教育系统。作者以"颠覆性创新理论"为基础，提出"以学习者为主体"的教育改革方向，提倡适当运用数字化技术，针对学习者量身打造和整合内容，让学习者能在他们喜欢的地方，以他们喜欢的步调，符合他们智能类型的方法去学习。根据技术创新理论来审视混合式学习具有颠覆性创新的多个属性，认为混合式学习蕴含巨大的潜力，能对传统教育进行根本性的设计，以达到他们倡导的颠覆性创新。五个"适当"体现出了混合式学习的本质，混合式学习的课程设计应该沿着如何实现这五个"适当"的思路展开，而不是与传统教学形式殊途同归。这正符合颠覆性创新中从产品的非主流发展方向入手，寻找新的特定消费群的属性特征。混合式学习在学校教育中是一种颠覆性创新，它的发展必须借鉴颠覆性创新的规律，深入研究实施策略，精心设计，合理推进，才能达到预期效果。

（三）混合式学习的理论

1. 学习理论基础与混合式学习

混合式学习是一种传递学习及改进绩效的整合性策略；混合式学习是一种根据学习者的需求和特点，设计适合的学习流程、选择合适的学习内容、提供合适的学习环境，从而达到最好的学习效果的学习方式；混合式学习的难点在于根据特定的环境及对象选择适当的、多种方式的结合；混合式学习是一种教学设计思想，从教学管理角度看，就是组织最优的媒体、工具、技术、教材、教师、教室等，呈现适合学习者的最佳组合，从而达到最佳的学习效果。混合式学习的学习理论基础具体如下：

（1）学习理论混合框架

第一，学习理论的有机混合。学习理论是混合式学习研究的理论基础，在实施混合式学习时，需要根据不同的具体情况加以选用。学习理论自 20 世纪 50 年代以来，历经行为主义、认知主义、建构主义等不同发展阶段。纵观学习理论的发展，其不是一种替代的发展关系，而是一种继承、扬弃和发展的关系。教学（学习）是一个复杂的过程，任何将这个过程单一化或简单化的倾向都是错误的。不同的学习理论，在不同的学习阶段、不同的学习环境下是一种相互补充的关系，而不是相互排斥的关系。它反映了人们对知识以及学习本质的认识不断深入发展的历程，而混合式学习实践就充分体现了这种理念融合的趋势。认知结构、建构主义等高级学习加工理论，主要研究的是大脑内部的学习规律，应该定位于最高部位。托尔曼的认知-行为主义学习理论，班杜拉的榜样学习理论、情境性学习理论等，是介于刺激反应和认知建构之间的综合性学习理论，其神经反应主要由小脑部位予以完成，因此将其定位于中间部位。那些以操作为核心的行为主义学习理论、程序教学理论等，则主要通过下丘脑和脊髓神经完成，因此定位于最低层次。人本主义学习理论只是突出学习主体性的一种思想，需要全面渗透到整个学习过程之中，信息加工理论则是整个理论体系实现有机混合的框架依托。

面对混合式学习，现有学习理论各有其适应领域，但都只能解决混合式学习中的一类问题。对于需要反复训练的技能，采用行为主义学习理论似乎更为有效，但对认知性学习内容难以做出合理解释。为此，托尔曼在行为主义基础上增加了"认知地图"这一中介，将行为主义与认知主义结合起来，初步实现了学习理论的有机"混合"。班杜拉的社会学习理论认为，学习的发生除了自身行动结果的获得，还可以通过观察榜样的行为产生替代性学习，实现模仿学习与自主学习的有机结合。建构主义通常被认为是认知理论的一个分支，它批判行为主义机械性、程序化的教学观和学习观，强调学习者在真实情境中作为认知主体对知识的建构，特别有利于学习者创新意识和实践能力的培养。人本主义学习理论强调尊重人的价值，主张发挥人的潜能，促进人的自我实现，看上去极其完美。如果没有行为主义、结构主义、建构主义等学习理论支撑，人本主义学习理论仅限于价值取向的论述，难以收到实际效果。

混合式学习理论框架与混合式学习概念具有很好的适应性，混合式学习过程包括以下五个核心要素：

一是，现场活动。同步的、由教师指导的学习活动，所有学习者同时参与，如实时的"虚拟课堂"。实时同步活动是混合式学习的主要"组成部分"，对于许多学习者而言，现场讲师的专业知识能力是非常重要的，推动了一个有效的现场活动可以归结为约翰·凯勒的 ARCS 动机模型中的四个要素：注意力（attention）、相关性（relevance）、信心（confidence）和满足感（satisfaction）。

二是，网上学习内容。学习者通过自定步调学习而独立获得的学习经验，如互动、基于互联网的或者基于 CD-ROM 的培训。自定步调的异步学习活动为混合式学习方式增添了重要价值。为了从自定进度的学习项目中获得最大价值——真正的商业成果，它必须基于教学设计原则的有效实施。大多数自定步调的学习产品都声称有教学设计基础。教学设计原则的实际实施差异很大，结果也大不同。

三是，协作。学习者彼此之间能够相互交流、合作完成学习任务，如电子邮件、基于论坛的讨论、在线聊天等。当有机会进行有意义的合作时，现场活动或自定步调的学习体验的力量就会增强。人类是社会性的，正如建构主义学习理论所假设的那样，人们通过与他人的社会性互动来发展新的理解和知识。此外，协作学习给学生提供了传统教学无法提供的巨大优势，因为一个团队能够比任何个人更好地完成有意义的学习和解决问题。当创建混合式学习产品时，设计者应该创造环境，让学习者和讲师可以在聊天室同步协作，或者使用电子邮件和线程讨论异步协作。

四是，评价。采用一种评价学习者知识状态的方法。在开展实时的或自定步调的事件之前进行前测，以判断学习者已有的知识基础。活动或在线学习事件完成之后开展后测，其目的主要用于评价知识的迁移情况。评价是混合式学习最关键的组成部分之一，它使学习者能够"测试"他们已经知道的内容，微调他们自己的混合式学习体验；它衡量所有其他学习模式和事件的有效性。布鲁姆按智力特征的复杂程度，将学习目标分为知识、领会、应用、分析、综合、评价等六级水平，为设计和构建评估提供了一个框架。

五是，电子参考资料。强化学习记忆和迁移的实践参考资料，包括各种数字文件文件。因此，性能支持材料是混合式学习的重要组成部分，它促进了"学习记忆和迁移"到工作环境中，目标是让那些对工作经验很少或没有经验的人立即获得工作表现。当今最有效的性能支持材料有可打印的参考资料、工作补助工具和平板电脑。

第二，学习理论混合的选择。学习理论有不同派别，且各有优劣，不存在普遍适用的万能理论。它们都有合理的科学的一面，同样也有局限性的一面，并不是所有环境、所有情况下都只适用于一种学习理论，每一种学习理论都有其适合的学习内容和学习者群体。总体而言，学习任务的复杂性增加，学习者的认知能力加强，学习环境逐渐丰富，最适合的学习理论从行为主义向认知主义到建构主义逐渐转化。由此可见，学习理论流派虽多，但面对混合式学习的多元化教育资源，只依靠一种学习理论是不行的，必须根据学习主体需要，将若干学习理论有机融合起来，组成符合主体摄入需要的有机混合式学习理论，才能消除现有学习理论的片面性，达到全方位提高混合式学习的效果。基于学习者的知识水平和学习任务对认知水平要求不同，在相应的学习理论指导下，应采取合适的教学策略。行为主义的指导策略对于知识水平低下的学习者比较有效，随着学习者知识的增加，策略逐渐转向认知主义、建构主义。同样，学习任务对认知要求由低到高的变化，伴随着的学习理论和策略也由行为主义转向认知主义和建构主义。

尽可能根据所收集的关于学习者目前能力水平和学习任务类型的信息，智能地选择获得最佳教学结果的适当方法。教学设计者必须提出的关键问题不是"哪一种理论最好"，而是在培养特定学习者对特定任务的掌握方面，哪种理论最有效。选择策略之前，必须兼顾学习者和任务，并且试图描述学习者的知识水平和认知加工需求的连续性，说明每个理论观点提供的策略在多大程度上适用，最终用于证明：①在某些情况下，不同视角所促进的策略重叠（即给定适当数量的先验知识和相应数量的认知加工，一个策略可能与每个不同视角相关）；②由于每个学习理论的独特焦点，策略集中在连续体的不同点。这就是说，在将任何策略整合到教学设计过程中时，在选择一种方法而不是另一种方法之前，必须考虑学习任务的性质（即所需的认知加工水平）和所涉及的学习者的水平。根据任务的要求和学习者在要传递、发现的内容方面所处的位置，基于不同理论的不同策略似乎是必要的。

综上所述，目前学者对于"学习理论是可以混合使用的"这一观点已经普遍达成共识，并且基于学习理论的混合构建了一些理论模型。但是大部分模型仅仅是一种理论建构的思路，缺乏必要的细节和实践操作的可行性。因此，这类模型对于认识和理解混合式学习本质和内涵有意义，但是缺乏实践操作的价值。

（2）生成性学习理论

第一，生成性学习理论的思想。美国加州大学的维特罗克提出生成性学习的概念，并开展了大量相关教育理论和实践的应用研究。维特罗克对学习科学的贡献主要有三个方面：发展生成性学习理论、验证生成性学习理论和应用生成性学习理论。生成性学习最初是为提高阅读理解设计的，生成性教学在经济学、科学、数学等教学中得到了发展和频繁的实证检验，就是要训练学习者对他们所阅读的东西产生一个类比或表象，如图形、图像、表格或图解等，以加强其深层理解。生成性学习理论源于巴特利特把学习看作是一种新经验与现有图式相结合的建构行为观点，皮亚杰把认知发展看作是新经验吸收到现有图式中并容纳现有图式的过程观点，以及格式塔心理学家记忆学习和理解学习的区别。

生成性学习模式作为一种学习和教学的功能模式，侧重于学习者理解概念的认知和神经过程，以及有助于提高理解的教学过程。模型指出，理解新概念的过程包括学习者主动产生两种有意义的关系：第一种有意义的关系是要学习的信息与学习者的知识和经验之间的关系（例如，在教学计划中，教师引导学习者将课堂上呈现的主题与他们以前的知识库相关联）；第二种有意义的关系是要学习的部分信息之间的关系（例如，在教学过程中，教师为学习者提供了大量的机会来生成他们自己的摘要、解释、类比等）。维特罗克和同行通过在阅读、经济学、科学、数学等科目中所进行的大量的教学实验，发现通过提高学习者主动理解的意识，促使他们通过有效的策略建立上述两类联系，可以明显提高学习者的理解水平和对知识的灵活应用水平。

生成性学习模式是建立在神经研究基础上的。对大脑的神经研究为学习和教学的认知心理模式提供了丰富的研究成果信息，有效地运用它们，可使它们在教育上更加有用，如模型的两个注意成分（有意注意和无意注意）和动机成分反映了对注意中唤醒和激活的神经模型研究，与有关注意和动机的神经心理学和认知研究的临界闪烁频率（CFF）。总之，生成性学习模式由与教学计划（即预先决策）和课堂教学（教师的交互决策）直接相关的四个功能认知过程构成，包括生成、动机/归因、注意和元认知。功能模型不是主要关注知识的结构属性，而是侧重于：①学习过程，如注意力；②动机过程，如归属和兴趣；③知识创造过程，如先入为主、概念和信念；④生成的过程，也是最重要的，包括类比、隐喻和总结等。

第二，生成性学习的过程。建构主义强调学习是学习者主动地通过新旧经验的双向相互作用来建构知识的过程。维特罗克的生成性学习模式则对这一相互作用过程做了具体解释。维特罗克关于学习本质的第一个核心观点是认为学习是学习主体内部的主动建构，不是外界信息的单纯输入。即学习是学习者通过原有的认知结构与从环境中接受的感觉信息相互作用来生成信息意义的过程。学习的发生依赖于学习者已有的相关经验，人们要生成对所知觉事物的意义，总是需要与他以前的经验相结合。第二个核心观点，认为人脑并不是被动地学习和记录输入的信息，而是有选择地去注意所面对的大量信息，并主动构建对输入信息的解释，从中做出推论。换言之，在生成学习中，学习者原有的认知结构——已经储存在长时记忆中的事件和信息加工策略——与从环境中接受的感觉信息（新知识）相互作用，在这一过程中，学习者主动地选择信息和注意信息，主动地建构信息的意义。按照维特罗克的模式，学习过程不是先从感觉经验本身开始的，而是从对这一感觉经验的选择性注意开始的。

一是，长时记忆中存在一些知识经验，它们会影响个体的知觉和注意倾向，会影响个体以某种方式来加工信息的倾向，学习者首先把这些内容提取出来，进入短时记忆。

二是，这些内容和倾向实际上构成了学习者的动机，使他不仅能注意外来的、意想不到的信息，而且能主动地对感觉经验进行选择性注意，注意那些已经有过经验且仍具有持续兴趣的信息去从事选择性的知觉。在这种注意和知觉的过程中，要求学习者做出随意控制的努力。

三是，经过选择性知觉得到的信息，要达到对其意义的理解，或者说要生成学习，还需要和长时记忆中存在的有关信息建立某种联系，即主动地理解新信息的意义。

四是，要从感觉信息中建构意义，必须与长时记忆中的有关信息建立联系，这是意义建构的关键。在最后完成意义的建构之前，需要试探性地建立这种联系，进行试验性的意义建构。

五是，在与长时记忆进行试验性联系和试验性意义建构的过程中，学习者既可以通过与感觉经验的对照来进行，也可以通过与长时记忆中已有的经验的比较来完成。

六是，经检验，如果意义建构不成功，应该回到感觉信息，检查感觉信息与长时记忆的试验性联系的策略，这包括：①构成选择性注意和选择性知觉的信息基础是否可靠；②从长时记忆中提取的建联系的信息是否适宜；③从感觉信息中选用的信息是否适用；④如果必要，应该系统地考虑感觉信息与长时记忆中各个方面所有可能的联系。

七是，如果建构意义成功，即达到了意义的理解。

八是，在新的信息达到了意义的理解后，可以从多方面对获得的理解进行分析检验，看新经验是否合理，是否符合自己长时记忆中的其他相关经验，是否与其他有关的信息一致。经过这种检验，如果新经验与自己原来的经验结构之间基本是一致的，不存在冲突，就可以从短时记忆中归属到长时记忆中，同化到原有的认知结构中；反之，如果发现了新旧经验之间的冲突，将可能导致长时记忆中原有认知结构的重组。

从以上模式可以看出，维特罗克试图超越经典的行为主义学习观，也试图超越经典的信息加工理论。生成性学习模式不仅看到了学习中的信息加工过程，学习不等于对新信息的理解和记忆，而且包含了对学习过程的监控。特别值得注意的是，这里的监控是对学习及其效果的监控，即是不是真正恰当理解了信息意义，同时还包括对新概念的合理性的分析和检验。从这种意义上说，学习不仅要解决知道不知道的问题，而且要在"知"的基础上对新观念的合理性、有效性进行分析鉴别。

第三，生成性教学的原则。维特罗克提出了多条生成性理解教学原则，其中包括：①学习者的知识、先入为主和经验对生成性教学的设计至关重要；②摘要、类比和相关结构的生成，通过增加学习者对文本中的含义之间以及文本与学习者的知识和经验之间的关系的构建而发挥作用，有效的总结和相关的构建涉及学习者自己的词汇和经验；③生成性教学活动引导学习者构建他们不会自发构成的相关表征；④学生从老师的精心教导和自己的生成学习中能力有所发展，在进行生成学习之前，先从老师的精心设计中学习；⑤根据学习者的背景知识、能力和学习策略，生成性教学可能是直接的，也可能是间接的、结构化的，也可能是不太好的，发现不是问题，问题是建立适当的关系。

（3）多媒体学习理论。多媒体学习的认知理论基于生成性理论的原则：①学习是一个生成过程，这是核心原则。②学习是一个积极的过程，在这个过程中，学习者通过在学习过程中进行积极的认知加工来理解所呈现的材料。学习不仅取决于所呈现的内容，还取决于学习者在学习过程中的认知过程。③主动学习，也是多媒体认知理论的中心原则。有意义的学习依赖于学习者在学习过程中的认知过程。

第一，多媒体学习的认知模型假设。多媒体是一种以计算机为媒体的交互式呈现方式，包括文本、声音、静态图像、动态图像、动画等元素。当电脑呈现的材料包含两种上述元素时，我们就可以认为这是多媒体的呈现。依靠多媒体呈现方式所进行的学习就是多媒体学习。

根据双重编码理论，视觉和言语材料在不同的加工系统中进行加工，视觉通道的输入始于眼睛，最后产生的是图片表征；而听觉通道的输入始于耳朵，最终产生的是言语表征。因此，针对多媒体学习理论可以提出以下三个基本假设：

双通道假设。人们对视觉表征和听觉表征的材料分别拥有单独的信息加工通道，当信息通过眼睛呈现（如图表、动画、录像或屏幕文本等）时，人们开始在视觉通道加工该信息；而当信息通过耳朵呈现（如叙述和非言语的声音）时，人们用听觉通道加工信息。

容量有限假设。人们的每个通道上一次加工的信息数量是有限的。当呈现图表或动画时，学习者在其工作记忆中只能同时保持几个图像，而且这些图像还只是反映了呈现材料的部分，人们通过元认知策略来对这些有限的认知资源进行分配、监控和调整。

主动加工假设。人们为了对经验建立起一致的心理表征，会主动参与认知加工。这种主动的加工包括形成注意、组织新进入的信息和将新进入的信息与其他知识进行整合。主动认知加工能产生一个一致的心理表征结构，因此主动学习可以看作是模型建构的过程。这个假设对多媒体设计有两个重要的启示：一是所呈现的材料应该有一致的结构，二是应该向学习者提供如何建立结构的引导信息。

在双重编码理论、认知负荷理论和建构主义学习理论的基础上提出多媒体学习的认知理论，揭示了多媒体学习的认知过程，即多媒体学习是从所呈现的文本或叙述中选择相关语词或从所呈现的画面中选择相关图像，并将所选择的文字组织成连贯清晰的语言心理表征（或者将图像组织成图像表征），进而将言语模型、图像模型与先前知识进行整合。

第二，多媒体学习的认知过程。根据迈耶的观点，学习应是知识建构的过程，学习者作为信息的主动加工者和意义的主动建构者，其目标不应该停留在记忆和保持上，更重要的是要形成理解和迁移。学习者的认知活动主要包括三个基本过程：选择、组织和整合。

选择过程。学习者需要注意经过眼、耳进入信息加工系统的视觉与言语信息中的有关内容。学习者从呈现的言语信息中选择重要的词语进行言语表征（语词选择），其结果是建构命题表征或语词库，对多媒体信息中相关的语词给予注意。在多媒体学习中，多媒体呈现包括语言和图片两种，图片通过眼睛进入感觉记忆，而语言可通过眼睛（以屏幕文本的形式）或耳朵（以听觉叙述的形式）进入感觉记忆。

组织过程。学习者从感觉记忆中选择相关的语言和图像进行加工，这些加工在工作记忆中进行。在工作记忆中，认知积极的学习者会建立心理联系，把语言和图像分别组织为"言语心理模型"和"视觉心理模型"。对听觉语言和视觉语言、图像的加工分别在听觉通道和视觉通道中进行，所占用的工作记忆也各不相同。

整合过程。学习者会将言语和视觉心理模型与他们从长时记忆中提取的相关先前知识进行整合，把新知识整合到已有的相关认知结构中去，从而达到对知识的有意义学习。

要产生有意义的学习，学习者必须完成认知加工的每个步骤，即选择相关的单词和图像，将它们组织进相应的言语和视觉表征，并与相应的言语和视觉表征整合。这些认知活动，特别是在言语和视觉表征间建立联系，在学习者可以同时在记忆中保持相应的视觉和言语表征的情况下更容易发生。因此，教学信息的设计就应该使得这些重要的认知加工产生的机会最大。在多媒体信息加工过程中，这三个过程并非总是以线性的顺序发生的，当学习者适当地参与所有这些过程时，就会发生有意义的学习。

2. 建构主义学习理论与混合式学习

从整体上来看，建构主义学习理论成功地使以混合式学习中学生为中心的教学理念得以树立。

(1) 建构主义知识观。在建构主义知识观的内涵中，知识并不能纯粹客观地反映现实，它是用来解释或者假设客观现实的物质。对于问题，知识并不是最终的结论，在人们的认知不断发展的过程中，知识有可能会出现变化。知识的产生基于某一个特定的情景，学习者在生活当中根据自身的经验所学到的东西才是真正的知识，这种知识会在头脑中架起建构。每一个个体赋予了知识特有的含义，如果个体不接受知识，这个知识就没有权威。因此，在教学的过程中，将科学家或者课本的权威带到教学的理念中是十分不理智的，学生只能够通过自己的知识建构来完成知识的接受。

(2) 建构主义学生观。在建构主义学生观当中，学生是具有发展可能性和潜能的，是不断发展着的，每个学生都是独特的个体，都有自己独立的思想。拥有独立思想的学生可以通过自己的努力来完成事业，他们的努力并不依赖于教师，他们具有自学能力，是学习的主体。学生是新时代的继承人，新的时代代表信息化时代和知识经济时代，在这一时代下学生的发展具有新的需求，教师应当对学生的这一特点进行考虑。学习者应当主动地接受知识，将学到的知识在头脑中进行构建与运用，学生应当主动地选取外部给予的信息，学习者是教学的中心。

(3) 建构主义学习观。在建构主义学习观中，教师应当让学生主动地接受知识，并且在头脑中进行知识建构，不应当单纯地传授。在接受信息时，学生并不是被动的，虽然需要教师的指导和帮助，但是学生在建构知识时是主动的，其他人无法代替学生做知识的建构。学习过程的建构有两个方面：重新构建原有经验和知识的意义。学生在发展的过程中，不断构建自己的知识体系，建构主义者更加重视学习者原有知识和经验，接收其他新的知识，整合新的知识结构，需要在原有知识和经验的基础之上进行。学习者学得的知识并不是由其他人的教授得到的，而是由学习者主动地在头脑中接受知识、领会知识，并且构建自己对知识的理解所习得的。

（4）建构主义教学观。在这个观点中，最强调的一点是，学习者在学习过程中的主动性、情境性和社会性，这个观点对合作学习十分重视。在学生发展中，社会交往起着重要的作用，这与建构主义观念中的合作学习是相似的。教学应当了解学生已经具备的知识与经验，了解学生之间的差异性和个性以及学生对知识的独特理解。教学的中心是学习者，学习者一定要发挥主体作用，在建构主义者的思想当中，教师是学习的促进者，不能够单纯地提供和灌输知识，学生在学习中是加工学习信息的主体，是主动建构意义的人。

（5）建构主义教学模式。这种教学模式最突出的特点就是学生主体性，学生在教师的指导下进行主动的学习。这种教学模式的中心是学生，教师在这种教学当中的角色是指导者、组织者、促进者和帮助者。让学生能够在课堂的情境协作等环境当中主动积极地学习，发挥自己的创造能力，从而对教师所教授的知识进行主动的接受与建构。建构主义学习环境，包含四大要素：会话、协作、情境和意义建构，应当设立有助于学生学习并且建构知识意义的情景。在整个学习活动中都有协作的参与，参与的主体有师生和生生。在学习的过程中，最基本的方式是对话，不同的主体会进行思想的沟通与交流，从而达到协作的目的。学习的最终目标就是意义建构，教师应当提供给学习者解决问题的框架，让学生更加快速地解决问题。在学生的探索当中，教师应当予以指导，除此之外，在混合式学习中教师还应当给予学习者相应的材料，给他们学习的空间。建构主义教学模式包含支架式教学，在大任务当中会有许多的子任务。

3. 联通主义理论与混合式学习

乔治·西蒙斯于 2005 年提出联通主义学习理论，它是 Web、多媒体技术日益发展以及知识更新速度加剧的背景下产生的变革性的学习理论，此理论从全新的角度解释开放、复杂、变化、信息大爆炸时代人们如何学习的问题。联通主义的提出契合当前的时代特征而受到了学界的普遍关注。

乔治·西蒙斯在提出新理论之初，首先说明了新理论与原有三个理论——行为主义、认知主义和建构主义——的区别，这三个理论的提出年代是学习受技术影响甚少的年代，但是当前时代发生了巨大的变化。技术的发展重塑了人们生活、学习和沟通方式，现代的学习理论必须反思学习背后的社会环境的变化。技术支持的学习和相互联通的体系将学习理论推向了数字时代。我们不能反复亲身体验和学习到我们需要的知识，能力的获得也来自建立联系。虽然经验一直被认为是最好的教授知识的老师，但因为我们不能体验一切，那么其他人的经历和其他人则成为知识的代理人。

乔治·西蒙斯把混沌论作为他联通主义理论的基础之一，他认为学习是一个混乱、模糊、非正式、无秩序的过程。混沌理论的要点在于非线性系统的非因果性和对初始条件的极度敏感依赖性，其特性说明了现有学习的特点——当今，我们的学习环境的复杂程度前所未有，网络和现实生活交织，各式各样的信息通道和影响因子纵横交错。这使得学习是一个混乱、模糊、非正式、无秩序的过程，因此对环境的识别能力和调整能力十分关键。依据不断变化的现实来选择学习的内容和理解新信息的意义本身就是一种学习过程。

混沌论作为一门科学，让人认识到万物之间的联系。事情对初始条件的敏感依赖深刻地影响着学习和我们如何根据我们学到的东西采取行动。制定决策更是如此，如果用于决策的基础条件改变，决策本身不再像当时一样正确，那么对变化的识别和调整是一项重要的学习任务。个人的自我组织层次是一个更大的自组织知识建构的微观过程。在公司或机构环境中，学习需要在信息源之间建立联系，从而创造有用的信息模式。

乔治·西蒙斯还谈了网络、节点、连接的发生等问题。网络可以简单地定义为实体之间的连接。计算机网络、电网和社会网络都基于简单的原则，即人、组、系统、节点、实体可以被连接起来以创建一个完整的整体。网络内的变化总体上具有涟漪效应。在乔治·西蒙斯的观念中，有些节点比另外一些节点重要，这些节点发生连接的可能性就高。

联通主义的提出是基于这样一个认识：人们的决定是基于快速变化的现实。在此过程中，人们不断获取新的信息。因此，区别重要和不重要的信息的能力是至关重要的。在做出决定时，能够认识到信息的变化也是至关重要的。联通主义理论和先前的学习理论的不同之处在于：第一，强调知识的变化性、复杂性；第二，认为知识是通过联通而获得的；第三，把学习能力放在了第一位。

这些针对学习和知识的新的观点诞生于信息时代的大潮中，促使人们更新观念，重新思考学习在新时代的本质以及采用什么样的新策略。在混合式教学模式下，许多教学指令和教学内容通过媒介甚至是通过人与人的连接获得，因此，连接主义可以作为混合式教学的重要理论基础，为教学设计提供思路。

因此，混合式学习的特点之一是灵活性，学习的策略根据学科、年级、学生特点和学习结果而有所不同，并以学生为中心进行学习方法设计。混合式学习可以增加学习者的访问和灵活性，提高学习的积极性，并取得更好的学生经验和学习效果，混合式学习可以改进教学和班级管理实践。

（四）混合式学习的要求

信息技术与课程教学深度融合并非单纯的技术与课程的关系，而是一个需要以培养怎

样的人才为目标的"系统工程"，至少需要从教学设计、教学实施和学业评价三个方面做整体规划和系统设计，需要探索技术与课程深度融合的方式方法，重点做好教学设计。教学具有目的性，因为教师总是为了某一目的而教，从根本看是为了帮助学生学习，为了达成"帮助学生学习"的目标，做好混合式教学的教学设计就显得尤为重要。

教学设计指的是针对特定教学目标与教学对象，对教学资源与过程的计划与安排，也称为教学系统设计，教学系统开发，教学开发。著名教学设计理论家瑞格鲁斯在其主编的《教学设计的理论与模式》一书中指出：教学设计是一门涉及理解与改进教学过程的学科。任何设计活动的宗旨都是提出达到预期目的的最优途径。

1. 不同类型的教学定位

混合式模式主要是针对在校学生的，因而其课程教学的运作方式完全取决于任课教师的教学理念和对课程教学目标的定位。根据学生不同的认知活动，可将学生的学习分为三大类，即知识学习（包括事实、概念和原理的学习），技能学习和情感认同。对应于教学，其教学定位至少有三种可能的选择方式。

（1）以知识传授为主的教学定位。知识传授型教学模式按课程自身的知识框架方式划分章节，每一章节内容配套作业、测试题，以此不断对学生进行知识的强化，使其形成知识的内化。而对实践能力的培养，只能通过设置一些思考、讨论题目和课外附加实验等方式来实现。传统的课堂教学模式，都采用了这种教学方式。在线课程教学模式，则随不同的教学平台而稍有差异。目前所见到的绝大多数教学平台都采用这种知识传授型的模式，平台上的教学大纲、教学视频、作业、练习、测试题目的多少完全由任课教师根据授课对象的实际情况（原有的知识背景、现阶段可以投入的时间、需要达到的培养目标等）来设置；还可以提供拓展性教学资源，如电子书籍、教学案例、常见问题集、往届学生作品集等。丰富的数字化教学资源不仅让教师开展信息技术与课程教学深度融合有了可靠的资源保障，而且随着教学资源的日积月累和不断更新，教师本人对课程知识的掌握会更加全面和深刻，学生可选择的学习内容更加广泛和深入，课程教学向更有深度的学习转变。

网络平台上的测试题定位于前测题，即在课堂讨论之前学生需要完成的测试。前测题有两种处理方式：一种是在学生的视频学习过程中弹出测试题，目的是强迫学生在此时停下来，思考前面的内容是否听懂和理解了，如果对相应问题回答不正确，可以要求学生回去再学习一下，直至回答正确；当然，也可以设置为无论回答正确与否，休息一下就继续往下学习。另一种是在章、节学习结束以后做作业和测试，还可以要求学生对同伴的作业进行批阅评判。教师针对前测题中的问题组织课堂讨论；之后，学生还可以再次去做该章的测试练习（多数学习平台都将同章节内容的测试次数默认为三次，取最高分为保留成绩）。当然，设置的前测题一定是课程教学中的重点和难点。

（2）以素养提高为主的教学定位。教育要学生带走的不仅是书本里的东西，还有超越书本知识的人的素养。教育和教学不可分割，教师要在学科教学中培养学生的核心素养。学生的核心素养是适应个人终身发展和社会发展的必备品德和关键能力。教育部提出学生应发展核心素养，这些核心素养包括文化层面的人文底蕴、科学精神，自主发展层面的学会学习、健康生活以及参与社会层面的社会担当与实践创新，共六个方面。这些内容和4C核心素养既存在交集，也有不同。学生发展核心素养将学生的个人发展与社会主义核心价值观进行对接，从"立德树人"的高度阐释社会与国家对学生发展的重视。

发展学生的核心素养须从课程建设和教学模式两个方面去落实。从课程建设角度来看，满足不同学生的差异化需求，使学习者利用已有的知识水平和认知能力，接收新信息，学习新知识，用新的知识构建自己的知识体系、能力体系、道德体系，满足所有学生自我建构的需要。落实到具体学科，可以在教学设计上增加科学前沿进展以及中国科学家在科技前沿的相关工作，提高学生的民族自豪感和社会服务意识。从教学模式角度，在混合式教学中，教师需要重视营造积极向上的学习环境，鼓励学生通过自主学习、协作学习开展科学探究活动，培养学生知难而上、刻苦钻研、百折不挠的职业素养。

结合不同类型的教学优势，实施层次化教学，满足学生差异化需求；实施整体化教学，实现知识的横向联系；实施主题化教学，实现知识的纵向联系；实施问题化教学，实现知识的横纵联系；实施情景化教学，实现由学习走向生活。将在线教学、课堂教学、线下实践三个环节的优势有机地整合在一起，结合线上学习的反馈信息，以循序渐进的方式开展小组讨论，实现对学生口头表达能力、批判性思维能力等方面的培养，构建"在线学习+课堂讨论+线下实践"的"互联网+"教学模式。

2. 不同环节的教学要素

在混合式教学设计中，先要对授课内容按时间节点划分学习单元；根据线上线下不同模块的教学特征，又可将每个学习单元划分为线上、课堂和实践三个环节，每一个环节，都需要关注教学的基本要素。

（1）在线教学环节的教学要素。在线教学环节，学生需要根据自身的情况确定各自的学习路径，学习路径的确定体现了学生在线学习个性化的情况。线上教学资源包括视频部分的教学目标、教学内容以及相关的小测试、单元作业等，其内容相对机动，可以包括预备知识的介绍、重点内容讲解和习题选讲。教学视频是支持在线学习最重要的资源之一，合理运用教学视频能够有效吸引学习者的注意力，增强学习动机，提高学习成绩，增强学习满意度。

现有的在线开放课程中的交互形式归为三类：人-人交互、学习者-内容交互和学习者-界面交互。在线学习环节设计中，至少应包含学习者-内容交互的内容，具体可以通过设置进阶题目、问答题等实现学习者与学习内容的交互。这样安排有利于不同层次的学习者通过线上学习获取课程知识，不能通过自主学习解决的问题或疑惑，可以提交到学习平台上的互动空间，与同伴或老师交流讨论，获得必要的帮助。任课教师在教学设计时，可以先建立讲授内容的知识图谱。例如，关于电磁场一章的知识图谱，根据知识图谱对授课内容进行分解，设计有关问题，使学生在学习过程中实时清楚所学内容在整个知识框架中所处的知识框架层面以及与其他各知识点的关联性。与此同时，还可以通过记录学生的学习轨迹对学生生成形成性诊断，了解学生学习困难的症结所在。从教学效果上看，采取混合式教学后，相关学习内容的得分率可以提高很多。

（2）课堂讨论环节的教学要素。课堂讨论环节以强化学生对知识的应用和评价为目标，不同的学生在自主学习过程中可能存在解决个人特定问题的需求，有必要通过协助学习获得帮助。学生在讨论过程中，对已产生的特定问题能否得到解决，体现了线下学习的个性化问题。学生学习活动的个性化程度从另一个角度反映了学生学习的主动程度，而激发学生的兴趣，提高学生学习的主动性是终身教育的一个重要目标。

交互是教学活动最基本的特征之一，课堂设置合适的互动环节是一种典型的人-人交互活动，对学习者的学习有着重要的影响。课堂互动教学实施过程，可以从现实问题或引导性问题出发，以小组讨论的形式，讨论课程教学中的重点和难点相关内容。讨论内容设计应重视和现实的联系与题材的趣味性，学生通过同伴协同学习增加对课程学习的积极性，提高对所学知识的掌握程度，密切同学之间的人际关系。

（五）混合式学习的影响

近年来，一种新型的教学方式混合式学习以其特有的优势得到了各个学校的关注和重视。各学校在开展混合式学习的同时，混合式学习也面临着传统的教育理念，师生关系的束缚和教学管理变革等挑战，使得混合式学习在应用的过程中也受到很多因素的影响。

1. 学校方面

目前，有很多学校的教师开展混合式教学还在初探阶段，涉及的课程比较少，只有几个老师在开展混合式教学，没有可以借鉴的方式。线上教学需要借助线上学习平台，目前几乎每门课程都使用自己比较熟悉的免费技术平台，如智慧职教、学习通等，且每个平台的风格也相差较大。学生在平时学习时需要穿梭于多个平台之间，也需要熟悉每个平台的操作，较为烦琐。还有最大的问题是学生上网受限，只能在宿舍使用免费的网络，而且网络质量还不好，这样学生在学习的过程中就受到了时间和空间的限制，这和混合式教学不受时间和空间的限制原则相违背了，这也是直接导致学生积极性不高的主要原因之一。

2. 教师方面

目前很多学校是刚刚才开展混合式教学，老师也是第一次开展线上线下的混合式教学的改革，从教学资源设计，教学活动设计到实施都是在探索阶段。有的课程内容虽然老师在课前已经做好了充分的准备，但是在线下的教学中，学生线上学习的理解程度都会直接影响老师的教学活动的进行，例如，进行讨论的问题，学生在线上自主学习过程中没有更好地去理解，直接导致老师对教学方案进行调整。有部分教师深受传统课堂教学方式的影响，虽然也在积极开展混合式教学，但是其线下教学仍是以集中学习的方式进行，还是以老师讲授为主，并没有实现课堂的翻转。或者把学生集中在教室里指导学生观看。这并不是实际意义上的混合式教学。混合式教学的出发点是培养学生在学习过程中的主动性，线上的学习是指在教师规定的所要学习的章节和一段时间里，让学生自主决定自己的学习形式、学习时间、学习地点、学习进度等。

3. 学生方面的影响

在大扩招的背景下，生源质量下降，大部分学生动手能力强，而理论学习比较薄弱。而学生通过 App 在线上学习理论就显得力不从心了，学生往往是看不懂课件的理论学习部分，在掌握困难的情况下缺乏教师的及时辅导及答疑，容易影响学生的学习兴趣，造成部分学生线上学习兴趣低下。线上学习不能全面掌握，线下课程衔接困难，导致问题越来越多。另外，线上学习相较于传统课堂缺乏一定的约束力，部分学生学习自觉性不高，精神不集中，即使打开线上教程，也并不一定在观看。除此之外，部分学生表示一直接受的都是课堂教学，学习方式突然转变有些适应不了。

（六）混合式学习的特征

一般而言，混合式学习是指在传统的课堂学习中，除师生面对面进行学习和交流外，还结合其他教学工具，如互联网、多媒体、投影仪等来辅助教学的学习方式。但本书研究的混合式学习却是一个全新的概念，它是基于以 MOOC 为核心的在线学习而提出的，是对 MOOC 的完善和改进，是传统面对面学习和在线学习的融合。混合式学习不仅仅是教育技术的提升，更是互联网时代高等教育教学方法、教学理念的创新，是以学习者为中心的全新教育范式。

1. 以学习者为中心

混合式学习的开展都是以学生为中心的，改变了传统课堂教学以教师为中心的教育模式。在混合式学习中，教师改变了原有的教学策略和角色定位，逐步成为学生自主学习、个性化学习的促进者和辅导者。建构主义学习理论中有提及，学生获得知识需要得到其他人的帮助，包括教师或者其他的学习者，这些帮助主要是以必要的教育材料为基础的。教师在对教学内容和教学方法进行调整的过程中，是以学生的学习需求和学习状态为参照的，学生的学习需求以及学生具体的行为表现都是教师实施混合式学习教学方法的标准。

在传统的课堂教学中，教师发挥着绝对的主导作用，学生的学习主动性在一定程度上受到了抑制，混合式学习使传统的课堂发生变化，教育开始由传统的教师主导模式向以学生为中心的模式转变。这种转变明确地表明了学生在学习过程中主体地位的变化，教师的角色更多的是对学习的引导和知识的解读。混合式学习结合了面对面学习和在线学习的优势，教师能够尽可能地启发学生的主动性、热情和创造性，学习者在学习的过程中能够获得实际的学习经验。在混合式学习环境中，学习者能够根据自身的需要，自行调整学习节奏和学习进度，也能够根据自己的喜好，自行选择参与的课程和活动，甚至也可以选择适合自己的教师。在混合式学习的不同模式中，都会优先考虑学生的学习需求，赋予学生选择课程的权利，让学生能自己选择课程进行混合式学习；同时，教师关注学生不同学习阶段和年龄阶段的特点，关心学生学习过程中的心理变化，促进学生的身心健康和全面发展。

2. 专注于深度混合

在混合式学习活动中，并不是机械地将学习内容、教学方法、学习策略和教学工具等简单掺杂在一起，而是有组织地、高效地、有规律地进行混合。

首先是学习活动，对于学习活动的定义也不再只是传统意义上的课堂活动，也包括在线活动。这种活动的混合能够接触到混合式学习环境中的所有学习者，学习者也可以从自身的个人情况出发来确定要参与的具体活动。

其次是两种学习环境中的学生，以往的在线学习环境和课堂学习环境是相对独立的，分别有各自的学生群体。混合式学习让两种学习环境中的学生融为一体，这种混合为新的学习带来了更多的可能性，传统课堂中的学生也能够与在线课堂中的学生展开交流与沟通。

最后是在线学习与面对面学习中的教师，单一学习环境中的教师有一定的局限性，教师在课堂上与学生面对面交流，帮助学生答疑解惑。有些教师则是通过网络平台或者远程教育的形式为学生传道授业，教师群体的混合也为教师教学带来了观念和行动上的转变。

以上三种主要元素的混合也有其一定的规律，不是纯粹的传统面对面学习，也不是单纯的在线学习模式，在混合式学习的课程实施过程中，混合式学习结合了多种方式，包括移动学习、翻转课堂、社会化学习、小组讨论学习和课堂实践等方式，当然还有最重要的在线学习，尽可能多地为学生展现多种学习方式的选择性和可能性。

3. 重视线上线下互动

混合式学习汲取了面对面学习与在线学习的优势，重视师生之间线上与线下的交流互动。在混合式学习中，教师和学生是两大主体，教师和学生之间需要深度的交流和沟通，只有这样才能够让教师获得学习情况反馈，改善教学，真正地照顾到不同年龄阶段、学校地区、教育背景下学生的不同需求。

在线学习环境中，教师和学生能够利用信息技术和交互工具，通过在线学习平台进行交流与沟通。教师与学生在网络环境中的交流是在线课程中的主要方式，在一些特定网络教学软件的帮助下，师生之间的互动不受时间、地点的限制。除了对师生之间的在线互动的重视外，线下的交流也值得关注。尤其是在混合式学习中，教师能够在学生需要的时候进行交流和辅导，在现场监督和指导学生的学习过程，在适当的时候为学生提供一定的讲解和交流。学生在不同学习环境中，对于教师的需求程度是不同的，因此，混合式学习重视教师与学习者之间的线上与线下的交流与互动，这也是混合式学习的精髓所在。

（七）混合式学习的优势

当今，信息化教育技术在不断深化，混合式教学正成为各大学校普遍选用的一种教学模式。教师在教学中根据学情的差异，因材施教，有的放矢，注重运用恰当的教学技术，与适合个人最佳的学习习惯相匹配，以便有针对性地将所需的技能传递给需要的人。它使教师的教与学生的学、知识的传播与获取途径趋于多元化和扁平化，学生可通过互联网获取大量的优质教育教学资源，再加上许多互联网平台提供了大量的视频、音频及在线精品课程等多种学习资源，使在线学习成为一种获取知识的有效途径，促进教学资源库的形成与融合，这种新的教学模式对于生源复杂的学校教学大为有益，下面以计算机应用基础这门公共课的教学为例，探讨混合式学习的优势。

1. 促进学生个性化发展

教学中因材施教，采用"分层次教学"方式，把基础水平接近的同学分为一组，以促进各组学生"最近发展区"发展；教学内容的安排、考核评价标准的制定、作业量和知识难度以及课后拓展也要体现出个性化的多元化、层次化，开放性的动态考核策略让处于各个不同层次发展阶段的学生在掌握原有知识的基础上逐步获得更多的知识，不但夯实基础，同时拓展知识面，减少学习过程中的无助感和挫败感，有利于激发每一名学生的知识获得感。

2. 提高教学质量

"互联网+"的飞速发展给每个人的日常学习、工作以及生活带来极大改变，受新冠疫情的严重影响，一时间线上教学风靡全球。由于混合式教学不受时间空间的制约，线上学习可随时随地进行，学生可利用一切空闲时间，借助网络平台在线教学资源进行线上学习，对于出现的重点难点可反复多次学习，弥补传统面对面教学的一遍过的不足，尤其对操作视频中出现的疑难点，在线做好学习笔记，线下通过实际操作进一步学习，通过老师的指导和讲解解决问题。基础扎实的同学学习进度可以快一些，内容多一些，难度稍大一些，知识拓展面广一些；基础相对薄弱的同学可从自己的实际情况出发，选择紧扣课本学习内容和进度，暂不进行拓展部分的学习，等基本内容掌握之后再逐步提升拓宽知识面，只要在原有基础上学到新的知识，新的技能，都是有效学习。

混合式教学还可有效利用学生手机终端完成在线学习，以学习通网络平台为例，教师在线上教学中根据教学过程需要随时展开抢答、小组讨论、头脑风暴、考勤等一系列的实时互动，有利于提升学生实时学习的主动性，改善课堂气氛，也可有效避免个别学生上课时不听讲等不良现象。

无论学生处于哪个阶段、哪个层次，当个人最近发展区得到不同程度的发展，使理论知识变得更扎实，实践操作技能更熟练，知识拓展面更宽广，这种教学模式就是切实、有效可行的，值得推行的，学生的学习就是有收获的；教育教学的目的就是挖掘激发学生内在的潜能，教会学生获取知识的有效途径和方法，引导学生去构建完整的个人知识体系结构，增强自信心；在教学设计中，全面发挥混合式教学独有的优势，有效提高教育教学质量。

3. 促进教师教学能力专业化发展

互联网平台与教育的有机结合改变了传统教与学的模式，教师作为教学的主导者，不但要根据教学内容研究授课方式，同时要及时补充、更新教学资源库；丰富的教学资源可提高学生的学习兴趣，帮助学生激发探究学习的积极主动性。

学习通是学校常见的网络学习平台，无论教师还是学生，都可从中获取与自己专业相关的，或者感兴趣的学习资源，学科知识涵盖面广，各学校为线上学习提供丰富的教学资源；教师可根据教学具体内容以及学情的需要，在教学活动设计中将整块的教学内容细分、小块化，将一些教学内容提前录制，以慕课、微课、录屏、微视频等更直观的方式呈现，上传分享供学生学习。这就需要一支具备掌握现代教育技术、懂得录制微课、微视频等教学资源的信息技术手段、专业知识教学团队，通过分工、协作共同完成教学资源库的创建和融合，有助于促进专业教师专业素养的全面提升，使教师能够在教学中熟练使用技术平台，提升教师在线教学能力。

传统式教学以教师为主导，易于组织，系统传授，有利于规模化培养，但教学内容相对单一，教材为主，教学过程缺少知识拓展性和丰富性；教学方法单一，忽视了学生个体差异和个性发展；而混合式教学打破时空局限，学习资源回放方便，师生互动便捷，有利于促进学生自控能力的养成，有助于学生个性化发展。

混合式教学的灵活开放性，既满足了不同层次学生的个性化发展需求，又便于师生线上线下沟通交流，激发学生的学习动机，培养学生自主学习能力，促进个性化发展，在丰富课堂授课内容的同时，提高教学质量和效率，增进专业教师信息化素养与教学能力全面提升。

综上所述，互联网对教育的影响，线上和线下混合教学的高度契合，推动高等院校教学工作朝着更高效、更有利于人才培养的方向转变。混合式教学的开放性可以使学生利用手中的平板、笔记本、手机等终端随时随地在线学习，利用一切可利用的闲暇时间和空间，打破了传统教学对于时空的局限性，丰富多样的学习资源和信息调动了学生学习的主动性，增强了主动探索知识的欲望；教师对知识点进行梳理，帮助学生消化吸收，解决难点和复杂的问题，无论是教师还是学生，混合式教学更有助于师生教学相长，教学过程不再单调，丰富了学生的学习体验，也促使教师超前设计线上、线下教学环节和教学内容，合理推送学习资源，以便更好地引导学生学习，由此可见，推进混合式教学策略对职业化培养技能型人才、提高教学质量是切实可行的。

（八）混合式学习的发展

混合式学习在学校教育、企业学习、成人学习中得到了广泛应用。随着互联网的普及以及新型学习理论的发展，虽然仍然难以看到混合式学习未来的具体形态，但是，由于混合式学习所具有的改进教学方法、增加访问灵活性和提升成本效益的特性，混合式学习在教育中的应用将日益广泛。由于混合式学习发展迅速并且无处不在，未来甚至可以不用"混合"而直接将其称之为学习。在混合式学习应用领域，当前的任务是如何创建和积累有效融合面对面和基于计算机通信技术要素的混合式学习经验。混合式学习的十大发展趋势具体如下：

第一，移动混合式学习的出现。移动和手持设备的大量应用将为混合式学习构建丰富和有趣的应用方式。

第二，可视化、个体化和实践性学习将会得到强化。混合式学习环境将会提升个性化，尤其强调可视化和实践性活动。

第三，混合式学习中将由个体确定学习过程。混合式学习可以很好地培养学习者对学习的责任。由学习者而不是由教师和教学设计者确定混合式学习的类型和形式。学习者将决定他们自己的学习过程和将获得的学位。

第四，提升混合式学习的连接性、社群性和合作。混合式学习为合作、社群构建和全球化联系开拓了新的途径，它将作为提高国际理解和欣赏的一种有效工具。

第五，提升学习的真实性和实现按需学习。混合式学习以真实性和真实世界的经验为核心，能够补充、拓展、增强和替代正式学习。在混合式学习过程中，可以更好地开展诸如在线案例学习、情境学习、角色扮演和基于问题的学习。

第六，在学习和工作之间建立连接。随着混合式学习的应用，混合式学习和正式学习之间的界限将变得非常模糊。高等教育学位教育的学分可以在工作中获得，有些甚至能够与工作绩效联系起来。

第七，学习时间的可改变性。学习时间、教学日历应用的准确性和预设性将会降低。

第八，按照一定的任务设计混合式学习课程。能够根据混合式学习的路径和选择设计课程和学习过程。

第九，教师角色发生改变。混合式学习环境中的教师或培训师将会成为导师、教练或者咨询师。

第十，形成面向混合式学习的专门领域。将出现与混合式学习相关的专业或者课程，包括教学证书、学位、资源或者门户等。

在混合式学习的十大趋势中，有些已经出现或正在形成，例如，移动混合式学习，随着移动技术及设备的发展，类似安卓、iOS 移动操作系统等的应用，形成了良好的支撑移动混合式学习的平台，为构建面向学历教育、在职培训、专业发展课程等需要的移动混合式学习奠定了坚实的基础。未来，强大计算和通信功能将可能融合到一个可随身携带的手持式网络化多媒体设备中。手持式设备将通过记录我们周围的地点、天气、人物、知识甚至思维等集成情境感知功能来改变日常生活。移动技术正在对学习产生重要的影响，学习将更大程度地迁移到教室之外，进入学习者的真实环境和虚拟环境中。移动技术将使学习环境、学习资源和其他学习者建立紧密的联系。手持技术最突出的特点是便携、实时、准确、综合、直观和定量，它结合了计算机和手持产品的特点，促使教学能够随时随地进行，能够兼顾课内和课外，形成以学习者为主体的方式进行探究和交流，发展学习者的个性，改变传统教学中教师单纯传授知识的局面。

提到手持技术的应用时，因为可能遭遇到诸如对数据采集器和传感器陌生度较高、相关学习案例较少、学校的经济承受能力低等问题，人们特别关注手持技术实施的可行性。随着技术的不断发展和规模效益的影响，手持设备的价格已经大幅度降低。经济发达地区的学校完全有条件购置。随着可视化、个性化和手持技术的发展，混合式学习也将对学习者产生更为深刻的影响。

混合式学习研究已经从理论走向实践，尤其在企业学习领域，混合式学习应用已经非常普及，并且带来了极大的效益。在教师专业发展领域，混合式学习已经成为一种非常重要的培训方式，而不仅仅是一种补充。

概括而言，混合式教学是学习理念的一种提升，这种提升不仅能够改变学生的认知方式，而且能够促使教师的教学模式、教学策略和教学角色发生变化。混合式教学改变了教学形式，能够根据学习者的实际需要、教学内容和教学环境，充分利用在线教学和课堂教学的优势互补来提高学习者的认知效果。混合式学习强调的是在恰当的时间应用合适的学习技术达到最好的学习效果。混合式教学改变了传统课堂教学中"以教师为中心"的教学，强调的是"主导–主体相结合"的教学。其结果是，在教学中，教师不仅需要关注"如何教"，更需要关注"如何促进学生的学"。在传统的课堂教学中，教师技能是指教师在教学中顺利完成教学目标的一系列行为方式，包括教学设计技能、课堂实施技能、课堂教学技能等，可见这些技能都是为教师教学服务的，侧重于教师如何教好、如何实现教学目标。而在强调"主导–主体相结合"的混合式教学中，教师除了要具备上述教学技能之外，还应该具备"促进学生学习"的技能，在课堂上既要体现教师的主导作用，还要突出学生的主体地位，而这正是传统教学中所忽视的。教师的"促进学生学习"的技能包括促进学生深度学习技能、促进有效交互技能、学习过程管理技能、学习环境设计技能等。

二、基于混合式学习的计算思维培育原则

第一，双主原则。双主指的是以教师为主导，学生为主体，也是教学活动的基本前提。教师要主导整个教学安排和节奏，既有利于突出重难点，也能根据学生掌握情况及时调整。为了使计算思维的培养更加灵活、效率更高，面对面教学，以问题探究的方式激发学生学习积极性，线上教学时，放权于学生，让学生成为学习的主体，提高学生的计算思维水平。

第二，交互性原则。与传统教学模式相比，混合式教学模式为师生交互提供了更多的可能。混合式教学设计以交互原则为出发点，在线上和线下学习阶段安排交流互动环节。自主学习阶段主要是网络平台的师生交互，具体表现为课程任务的传达、自主学习情况的

交流、疑难问题的互动等，这样设计能够方便教师了解学习自主学习情况，针对普遍存在的问题合理设计面授课堂；面对面学习除了师生之间的互动，还有学生与学生之间的交流，以小组为单位进行学习，合作解决课堂任务，方便学生之间根据任务展开进行交流，创造更加轻松的学习氛围，促使学生积极主动思考。

第三，可行性原则。培养学生计算思维是开展本次教学实验的主要目的，对思维的培养并不意味着忽视信息技术知识的教学，混合式教学的设计要遵循可行性原则，即混合式教学要适用于信息技术课堂。相比于传统教学，混合式教学要在相同面对面教学时间内，学生课前自主学习，课后内化巩固，更好地掌握信息技术基础知识。另外，混合式教学以计算思维的培养为目标，有针对性地设计线上以及线下的教学内容，通过课前线上自主学习完成练习、课中面对面合作探究、课后巩固内化三个课程环节，掌握信息技术基础知识，有效培养学生计算思维。

第四，问题性原则。计算思维是运用计算机科学的基本概念来解决问题的过程，问题可以说是培养计算思维的一个关键部分，在培养学生计算思维的时候要注意问题的真实性、生活性。教师在设计问题的时候应与生活实际紧密相连，将计算思维培养与生活情境合理结合，设计的问题层次要合理，规模适当，要注意问题必须具有问题解决方案，不能设计的问题没有解决方案。还可以进行小组合作学习，教师通过课堂中布置一项大作业，小组分工，学生在教学平台中自行查阅资料，与教师及时沟通，完成这项任务。

第五，实用性原则。学习不仅仅是学习理论，更要学会应用，学习的知识要能应用到生活中和其他学科上，将计算思维与其他学科进行融合。教师在进行教学设计过程中要注重学生的实际运用情况和知识的迁移情况，要做到学以致用，并非为了考试。

第六，反馈性原则。教师与学生的交流反馈也是了解学生掌握知识情况的重要途径。对于每一节课的教学内容，课前根据学生的反馈，修改本节课教学重点，课后根据学生的反馈，了解学生的掌握情况和存在的问题。有效的交流反馈，不仅可以提高教学质量，而且有利于学生计算思维的培养。

三、基于混合式学习的计算思维培育阶段

第一，创设情境阶段。在计算思维培养过程中，通过创设情境，激发学生的学习兴趣，让学生在解决问题的过程中探究程序设计的基本控制结构的特点。创设的活动情境最好来源于学生的日常生活，以学生的原有经验为出发点，有助于学生理解计算思维在实际生活中的应用。

第二，提出问题阶段。计算思维是问题解决过程中的一种思维方式，问题是计算思维

培养的重要载体。在教学过程中，通过创设情境，提出问题，让学生在问题解决过程中发散思维。

第三，分析问题阶段。明确问题后，组织并引导学生进行小组合作，对问题进行初步分解讨论，确定要解决的问题是什么。组织学生选择合适的算法进行分解问题；尝试用自然语言或者伪代码描述出算法；根据设计的算法画出流程图。教师在该过程中给学生提供具有引导性和启发性的支撑学习材料，引导学生进行探究式学习，促进学生的思维发展。

第四，程序设计阶段。经过上分析问题环节的启发和引导后，学生对于问题进行了较为透彻的分析，并设计问题解决方案，根据解决方案的设计进行程序的编写，并将程序进行运行调试，修改优化。

第五，评价总结阶段。学生完成作品展示之后，引导学生对作品进行评价，结合自评和互评以及他评三种评价方式，以新课程标准中的计算思维的不同的水平等级为指导进行评价。对于计算思维的评价，不但关注对学生作品的评价，还应重点关注学生在探究活动过程中的过程性评价。

第六，启发再创作阶段。对于计算思维的培养的研究重心应该放在学生思维层面的水平进步，引导启发学生在完成基础上再次延伸创作，通过算法多样化的灵活应用，提高学生的计算思维水平。而算法的多样性是基于发散思维的结果，所以除此之外还应该在正确的基础上简化、优化算法和步骤，在学生形成良好的解决问题的氛围中更进一步地发散学生的思维。

第六章 现代中职学生计算思维培育的实践研究

第一节　中职信息技术课程计算思维能力培育实践

一、中职信息技术课程与计算思维的关系

（一）计算思维体现了信息技术课程的一种内在价值

目前，国内对信息技术课程价值的研究表述大都趋于泛化的"信息素养核心价值"论，关于"信息技术课程内在价值"的研究较少。信息技术课程是一门以计算机为核心工具的课程，具有较强的抽象性、逻辑性和思维性，需要学生以严谨的思维方式来解决问题。计算思维作为信息技术课程中集"逻辑能力、算法能力、递归能力、抽象能力"为一体的解决问题的方式，无论从技术方法层面、社会需求层面还是个体心理发展层面，都以一种独特的思维方式引导学生理解信息社会，提高学生信息技术运用的批判能力、自我调节能力。发展学生的计算思维，培养学生运用信息技术解决问题的能力，充分体现了信息技术课程的一种内在价值。

（二）计算思维解决了信息技术课程的学科思维问题

学科思维是区分学科边界、表征学科独立以及成熟的重要标志，信息技术想要作为一门学科独立存在，就一定要有自己的学科思维。面对不断变化的信息化世界，计算机课程不是要把学生都培养成为程序设计专家，而是希望学生具备信息技术学科的思维方式，正确理解计算机和人与社会的关系。随着数字化社会的不断推进，各类电子产品在日常生活中逐渐普及，小到手机，大到各种生产设备，计算思维已经成为人们理解问题、分析问题、解决问题必需的思维方式。对于信息技术课程而言，计算思维就像人们阅读、写字、做算法一样，是信息技术学科最基础、最适用、不可缺少的基础思维方式。

（三）计算思维是中职信息技术课程改革的助推剂

计算思维作为面向信息技术课程的学科思维，可以让学生从一个多元化的视角，用信息技术学科思维方式理解信息世界，解决目前信息技术课程发展所面临的学生学习积极性不足等突出问题，从而进一步推动信息技术课程的改革与重构。

二、中职信息技术课程蕴含的计算思维

对于中职信息技术课程而言，能够充分挖掘出各个模块内容中所蕴含的计算思维，是有效实施计算思维教育的关键和前提。

（一）基于"伟大的计算原理"的计算思维概念框架视角

1. 计算

在基于"伟大的计算原理"的计算思维概念层次中，计算处于核心层（第一层次）。计算是执行算法的过程，从一个包含算法本身的初始状态开始，输入数据，然后经过一系列中间级状态，直到达到最终也即目标状态。课程标准中所包含的必修模块"信息技术基础"课程主题二"信息的加工表达"和选修模块"算法与程序设计"课程能很好地体现计算的思想和方法，下面通过案例加以说明。

（1）汉诺塔问题。汉诺塔（又称河内塔）问题是指有三根柱子，其中一根柱子上按大小顺序放着 64 片圆盘。要求把圆盘按大小顺序移动到另一根柱子上。规则要求小圆盘上不能放大圆盘，一次只能移动一个圆盘。

汉诺塔问题，是通过递归与非递归方法来对圆盘进行移动的，蕴含递归关系，所以采用递归算法往往比较自然、简单、易于理解。汉诺塔问题计算量很大，当圆盘数为 n 时，需要移动 2^n-1 次，所以，假设圆盘数很多，那么即使是用一台功能超强的计算机来解决它，也需要很多年。鉴于 2^n-1 这个数字太大，先考虑 3 个圆盘的情况，假设三根柱子分别为 A、B、C，则计算机模拟执行时就会按 A—C、A—B、C—B、A—C、B—A、B—C、A—C 的顺序依次显示圆盘移动的起始、中间和最终状态。随着圆盘数的逐渐增大，计算机计算及显示圆盘移动的状态所花费的时间也会越来越长，学生此时便能很好地体验汉诺塔问题的计算复杂度。

（2）计算机抽奖。很多综艺类电视节目都设有抽奖活动，主持人先喊：开始！大屏幕上便不断滚动显示随机的手机号码；主持人喊：停！大屏幕上最后显示的手机号码就成为中奖号码。类似上述的抽奖活动，实质上属于计算机抽奖，抽奖程序可支持手机号码、身

份证号码、姓名、图片等多种中奖方式。计算机抽奖程序一般涉及用随机函数计算并选择手机号码的顺序问题，计算量的大小与候选手机号码的总数有很大关系。尽管涉及的算法不算复杂，但是不断滚动显示随机的手机号码也能让学生感受计算的快慢和状态的变化。

2. 抽象

抽象是指从众多事物中抽取出共同的、本质性的特征。计算思维的抽象包含的核心概念有：概念模型与形式模型、抽象层次；约简、嵌入、转化、分解、数据结构、虚拟机等。课程标准中包含的必修模块"信息技术基础"主题三"信息资源管理"和选修模块"数据管理技术""算法与程序设计"能很好地体现抽象的思想和方法。

（1）图书借阅系统概念结构、逻辑结构设计。图书借阅系统可作为"信息技术基础"主题三"信息资源管理"或"数据管理技术"中的具体案例，主要功能是完成图书的借阅，其数据库设计分为需求分析、概念结构设计、逻辑结构设计和物理结构设计等阶段。概念结构设计、逻辑结构设计属于典型的数据抽象。

图书借阅系统概念结构设计阶段，就是在图书借阅系统需求分析的基础上，将现实世界中图书借阅涉及的数据用概念模型来表示（抽象）。建立概念模型常用的方法是实体－联系方法（E-R方法），该方法直接从现实世界中抽象出实体和实体间的关系，然后用E-R图来表示概念模型。设计E-R图的基本步骤是：首先，用方框表示实体（如图书馆、图书管理人员、图书、读者等）；其次，用椭圆表示各实体的属性（如图书的属性主要包括图书编号、名称、作者等）；最后，用菱形表示实体之间的联系（实体之间的联系有一对一、一对多和多对多等三种，如读者和图书两个实体之间为多对多，即 m：n 的借阅联系）。

图书借阅系统逻辑结构设计阶段，就是将图书借阅系统的概念模型即 E-R 图转换为数据库管理系统支持的数据模型（再次抽象）。如果是关系型数据库管理系统，则转换后对应的数据模型为关系模型。构成关系模型的关系模式的格式为：关系名（属性1，属性2…）。

（2）面向对象程序设计语言中核心概念的理解。课程标准中的选修模块"算法与程序设计"主题二"程序设计语言初步"中的内容标准，涉及"掌握面向对象程序设计语言的基本思想与方法，熟悉对象、属性、事件、事件驱动等概念并学会运用"。面向对象程序设计力图使计算机程序设计语言对事物（类、对象）的描述和现实世界中的真实情境尽可能地一致。VB、Java 等许多程序设计语言就属于面向对象程序设计语言。

面向对象程序设计语言涉及大量的核心概念，如对象、属性、方法、事件、类等，对这些核心概念的理解是掌握面向对象程序设计语言并进一步运用的前提条件。对象是现实世界中事物（包括自然物体如汽车、房子等，或逻辑物体如长方形、地图等）的抽象。每一个事物包含两个共同特征：状态和行为。现实中汽车有自己的状态（如名字、车型、轮子等）和行为（如刹车等），抽象而成的汽车对象也有自己的属性和方法，这里的属性和方法概念则分别由现实中汽车的状态和行为抽象而来。现实中如果发生了汽车被撞的事情，则需要专门来处理，同样汽车对象可以通过相应的事件监听和驱动机制来处理汽车被撞事件。类是对一类事物的描述，是对同类对象的抽象。例如，对汽车对象的抽象会形成汽车类，汽车类具有所有汽车的属性（如名字、车型、轮子等）和方法（如刹车等）。但是，每辆不同的汽车对象的具体属性、方法都是独立的且跟其他汽车不同。由于上述概念本身较为抽象，建议学生通过贴近生活的、计算机能模拟运行的典型案例来学习。

3. 自动化

自动化是指机器设备、系统在没有人或较少人的直接参与下，按照人的要求，进行自动检测、信息处理、分析判断、操作控制，以实现预期目标的过程。计算思维可以在不同层次上对机器计算的自动化进行抽象。在中职信息技术课程中，就有不少内容涉及自动化。其实，只要能将具体的问题转化为算法并且用计算机来编程实现，就可以体会其中自动化的思想和方法。上面提到的案例如汉诺塔问题、计算机抽奖就属于这样的例子。再如必修模块"信息技术基础"中，教师在讲述"信息的加工与表达"这一主题时，可以让学生完成这样一个活动：使用在线翻译软件，先将给定的中文翻译成英文，然后将给定的英文翻译成中文。在这个活动中，进行中英文互译的过程正是一个计算机对数据进行自动化处理的过程，学生通过两次数据输入，最终得到所需的语种。

4. 设计

设计与抽象、自动化位于计算思维概念层次的第二层。陈国良院士和董荣胜教授认为，计算思维中的设计是利用学科中的抽象、模块化、聚合和分解等方法对一个系统、程序或者对象等进行组织，并以软件开发为例解释为体系结构和处理过程的设计。下面以选修模块"数据管理技术"中"学生成绩管理系统"为例来分析。

"学生成绩管理系统"从体系结构上可分为学生数据管理、教师数据管理、课程数据管理、成绩数据管理等模块。学生数据管理模块、教师数据管理和课程数据管理模块进一步分解为相应的数据编辑和数据查询子模块；成绩数据管理模块进一步分解为成绩数据编辑、查询某课程成绩数据、查询某学生成绩数据、通用成绩查询子模块。以上模块及其划分充分体现了设计中的分解、模块化等方法。

"学生成绩管理系统"从处理过程上可分为系统需求分析、数据库设计、公共模块设计及程序实现、系统整体界面设计、各模块界面设计和程序实现、程序调试等。系统需求分析后会产生上述系统结构中的各个模块和子模块。数据库设计又分解为数据库概念结构设计、逻辑结构设计、物理结构设计等各个具体的设计，其中数据库概念结构、逻辑结构设计体现了抽象的思想和方法（可参见上述"图书借阅系统"的例子）。公共模块用于在各个不同功能模块之间传递数据，实现各个模块之间的数据聚合。

5. 通信

在计算思维中，通信是指信息从一个过程或者对象传输到另一个过程或者对象。通信包含的核心概念有信息及其表示、信息压缩、信息加密、编码与解码等。课程标准中包含的必修模块"信息技术基础"和选修模块"多媒体技术应用"能很好地体现计算思维中通信的思想和方法。下面通过案例加以说明。

（1）信息加密与解密。课程标准中的必修模块"信息技术基础"主题三"信息技术与社会"的内容标准涉及信息安全知识。考虑到信息安全，重要信息在传输之前需要将原本的信息（明文）通过某种加密算法（附带密钥作为加密参数）加密，加密后的信息称为密文。密文通过网络传输到目的地后，再通过相应的解密算法（附带密钥作为解密参数）对密文进行解密，解密后的明文即为传输前原本的信息。在实际教学过程中，为了让学生深刻体会信息是如何被加密与解密的，可通过网上已有的典型加密与解密算法如 RSA 或 AES 进行模拟演示。

（2）多媒体信息的编码与解码。课程标准中的选修模块"多媒体技术应用"主题二"多媒体信息采集与加工"的内容标准涉及多媒体信息采集知识。多媒体信息采集涉及的多媒体信息数据量大，保存、传输不太方便，数据压缩技术可以解决这个问题。数据压缩处理一般由两个过程组成：一是编码过程，即对原始数据进行压缩编码，以便于储存和传输；二是解码过程，即对压缩的数据进行解压，恢复成原来的数据。在实际教学过程中，为了让学生体会多媒体信息是如何被编码与解码的，可通过网上已有的典型的编码与解码算法进行模拟演示。

6. 协作

协作是为确保多方参与的计算过程（如多人会话）最终能够得到确切的结论，而对整个过程中各步骤序列先后顺序进行的时序控制。协作包含的核心概念有同步、并发、死锁、仲裁以及网络协议、人机交互等。课程标准中包含的选修模块"网络技术应用"和"人工智能初步"能很好地体现计算思维中协作的思想和方法。

（1）网络协议。课程标准中的选修模块"网络技术应用"主题二"网络技术基础"

的内容标准涉及网络协议、网络分层模型等知识。网络协议，是为进行网络中的数据交换而建立的规则、标准或约定。为了减少网络所涉及问题的复杂性，采用分层思想，OSI 国际标准从体系结构上将网络分为七层，TCP/IP 非国际标准将互联网分为四层，OSI 七层网络模型和 TCP/IP 四层模型及对应的网络协议见表 6-1。在实际教学过程中，为了让学生深刻体会网络协议的结构和工作原理，可通过相应的软件进行演示。例如，通过 IE 或 Google 浏览器可以深入体会 HTTP 协议的结构和运行机制。

表 6-1　OSI 七层和 TCP/IP 四层模型及对应的网络协议

OSI 七层网络模型	TCP/IP 四层模型	对应网络协议
应用层	应用层	HTTP、TFTP、FTP、NFS、WAIS
表示层		Telnet、Rlogin、SNMP、Gopher
会话层		SMTP、DNS
传输层	传输层	TCP、UDP
网络层	网际层	IP、ICMP、ARP、RARP
数据链路层	网络接口层	FDDI、Ethernet、PPP
物理层		IEEE802.1~IEEE802.11

（2）人机交互。人机交互作为协作的核心概念之一，在中职信息技术课程中有很多的应用。例如，在学习选修模块"人工智能初步"时，会涉及这样一个例子：通过观摩或实际操作，体验人工智能在模式识别等方面的典型应用，如指纹识别。在指纹识别过程中，学生通过指纹识别器，获得指纹识别信息，这个过程便是一个人机交互的过程。在这个过程中，为确保识别结果的准确性，人机接口与知识库、数据库之间存在一定的协作。

7. 记忆

记忆包含的核心概念有存储体系、动态绑定、命名、检索等。中职信息技术课程中包含很多记忆的例子。例如，可以通过百度等搜索引擎按名字检索需要的信息。浏览器打开过的网站一般在本地有缓存，再次访问时先直接访问缓存中的内容，因而页面打开速度较快。

8. 评估

评估与通信、协作、记忆位于计算思维概念层次的第三层。计算思维中的评估是指对数据进行统计分析、数值分析或者实验分析。评估包含的核心概念有：可视化建模与仿真、数据分析、统计；模型和模拟方法、Benchmark；预测与评价等。中职信息技术课程中包含很多评估的例子。例如，必修模块"信息技术基础"中涉及"信息加工与表达"主题，可通过 Excel 等软件对学生成绩、体育比赛、天气变化等大量数据进行统计分析，以揭示其发展趋势；可通过金华科等虚拟实验室软件做物理、化学等学科的仿真实验，模拟其实验现象；可通过 Benchmark 等测试软件测试、评估计算机各个硬件的性能指标。选修模块"数据管理技术"中涉及"数据库的建立、使用与维护"、数据库应用系统等主题，可对图书馆图书查询系统、学生成绩管理系统、医院管理系统等大量数据库应用系统中的相关数据库用 E-R 方法建立其概念模型，并用概念模型到关系模型的转换规则及方法建立相应的关系模型。

（二）计算思维操作性定义视角

计算思维操作性定义将计算思维看作是一个问题解决的过程，在这个定义中，详细描述了运用计算思维解决问题的整个过程，这对计算思维在中职信息技术课程中的应用尤为重要。从计算思维操作性定义来看，中职信息技术课程中运用计算思维解决问题的过程包括制定问题、组织分析数据、再现数据、支持自动化解决方案、找到最有效方案、应用于更广泛问题等六个步骤，涉及的知识包括必修和选修的多个模块，属于融入计算思维的知识与技能的综合性应用。下面以"网上考试系统"为例来加以分析。

1. 制定问题

"网上考试系统"的目标是学生通过网络（局域网或互联网）实现网上考试。要完成这个目标，需要解决的问题较多，例如试卷如何生成、学生如何答题，如何阅卷等。不但要制定这些问题，还要明确能够利用计算机和其他工具来帮助解决这些问题。

2. 组织分析数据

"网上考试系统"涉及的数据种类多、数据量大。首先，要对数据进行分类，如数据分为人员数据、试题数据、答卷数据等。其中人员数据可分为管理员数据、教师数据、学生数据，试题数据可分为主观题（如问答题）和客观题（如选择题、填空题），答卷数据同样可分为主观题答卷和客观题答卷。其次，要运用思维导图等工具符合逻辑地组织和分析数据，形成可以利用的更加详细的数据。

3. 再现数据

在组织分析数据的基础上，首先通过 E-R 方法对得到的数据进行概念模型构建，然后再利用概念模型到关系模型的转换规则和方法得到关系模型的数据，最终以关系数据库表的形式再现各种数据，如管理员表、教师表、学生表、单项选择题表、多项选择题表、填空题表、问答题表、单项选择题答题表、多项选择题答题表、填空题答题表、问答题答题表等。

4. 支持自动化解决方案

对步骤 1 中制定的问题，通过算法思维（一系列有序的步骤），支持自动化的解决方案。如解决试卷如何生成问题可利用试题库构建算法与自动抽题算法来完成，解决学生如何答题问题可利用答题界面生成、答题控制（包括时间控制、答卷生成等）算法来完成，解决如何阅卷问题可利用客观题计算机自动阅卷算法、主观题教师网络交互式操作阅卷算法来完成。考虑到要兼顾局域网或互联网两种方式，所以实现上述算法时要采用不同的计算机程序设计语言。如局域网可采用 VB 等高级语言，互联网可采用 ASP.NET 等动态网站开发工具来实现。

5. 找到最有效的方案

首先，有效结合上述步骤和资源，运用发散思维识别、发现、分析和实施可能的解决方案。如尽可能寻找、分析和实施题库构建算法、自动抽题算法、答题界面生成、答题控制算法、客观题计算机自动阅卷算法、主观题教师网络交互式操作阅卷算法。其次，运用聚合思维，对上述找到的各种自动化解决方案进行优化、整合，找到最有效的方案。

6. 应用于更广泛问题

将"网上考试系统"所涉及问题的求解过程进行推广并移植到更广泛的问题中。首先，总结"网上考试系统"所涉及问题的自动抽题算法、自动阅卷算法等算法，然后进行推广、迁移，应用到更广泛的问题中。例如，可以将自动抽题算法、自动阅卷算法等算法应用到各种层次、各个学科（语文、数学、外语等）的考试和竞赛活动中。

第二节　中职电子商务专业学生计算思维能力的培养

随着云计算、大数据、人工智能、物联网、区块链等先进技术日新月异，计算思维已经成为数字化时代人们的核心素养之一。计算思维作为一种分析、解决问题的方法应该像阅读、写作一样，成为所有学生必备的基本技能，已经成为当代学生的核心素养之一。

"电子商务是一个复合性、交叉性和实践性的学科，它集经济、管理、计算机等相关学科于一体，具有知识体系广，内容更新快的特点，这就需要在日常教学中大力培养学生的计算思维能力，使学生掌握利用计算思维分析问题、解决问题的方法，提高学生的学习能力和创新意识。"① 培养和提高学生的计算思维能力，是电子商务专业教学的重要目标之一，也是推动学生创新能力的培养和促进学生就业的保障。

计算思维是一种普适性思维，在电子商务课程体系中普遍存在着用计算思维解决问题的实例，计算思维存在于整个教学过程。

一、在信息技术课程中培养计算思维能力

中等职业学校信息技术课程标准中将发展计算思维作为信息技术课程的主要任务之一，信息技术课程必将是培养学生计算思维的主阵地。信息技术课程是一门基础理论与上机实践相结合的课程，在建构主义学习理论的指导下，以任务驱动为载体，采用分组教学模式，通过项目实践，培养学生用计算思维的方式思考问题。通过信息技术课程，学生能学习掌握计算思维的基本属性，建立计算思维基本的概念结构，让学生在学习中遇到需要解决的问题时学会使用"计算思维"思考与练习，养成运用"计算思维"求解的能力与习惯。

二、在专业课中培养计算思维能力

信息技术课程是培养计算思维的主阵地，但是计算思维的培养不仅仅局限于信息技术课程，在其他的专业课程中也是广泛存在的。由于电子商务专业的课程多数与计算机相关，因此计算思维可以在专业课中得到广泛应用，让学生掌握在专业课程中运用计算思维来解决问题的方法可以更好地促进学生的专业技能和创新能力的提升，更好地适应电子商务的快速变革，提升就业的竞争力。学生在专业核心课程学习中，用计算思维分析问题、解决问题的方式，可以顺利完成学习任务，掌握电子商务核心技能。

例如，在网络营销实务课程中的网络营销战略策划，这是一个开放性的学习任务，需要学生具有一定的分析问题和解决问题的能力，可以让学生充分理解计算思维的解决问题的过程。首先将其分解成设计网络营销目标、安排网络营销管理部门和制定财务预算、管理反馈信息、树立企业形象、规范网络工程师职能、确定网络资源管理部门设立的相关问题、选择网络服务商、分析线上销售对线下销售的影响、实时更新网站，以及拓展网络空间十个基本任务，然后将学生分为总策划、财务管理、促销专员、网络工程师、客服、观察员、总策划助手七种角色，学生利用已学的知识完成已经分解的小任务，最终经过总策

---

① 杨春志：《中职电子商务专业学生计算思维能力培养的探索》，《辽宁省交通高等专科学校学报》2022 年第 24 卷第 2 期，第 75 页。

划的综合汇总来完成营销战略的总体设计。同样的内容也广泛存在于其他的专业课程中，通过专业课程的学习最终达到让学生充分理解计算思维并建立利用计算思维解决问题的基本模式。

三、在实训项目中强化计算思维能力

电子商务专业的实训课程往往是综合任务，需要多名学生共同完成，这就需要学生将综合任务分解成若干小任务，利用已学的知识完成这些小任务，这个过程正是利用计算思维解决问题的过程，学生可以在整个实训过程中强化用计算思维分解问题、模式识别、探寻规律和解决问题的能力。

学生在实训课程中，在建构主义学习理论的指导下采取任务驱动、小组合作策略，通过真实的项目实践培养其用计算思维的方法考虑问题。例如，"知识店铺"实训平台就是通过建立虚拟的知识销售实训平台，利用真实情境开展实训活动，提升实习实训效果有效深度。在"知识店铺"中本校学生为客户群售卖知识产品，采取竞赛的方式提升学生的参与积极性和主动性，最终获得的虚拟货币多者为获胜方。这是一个综合性、开放性的实训项目，需要学生利用已学的知识，完成从产品的选取、目标客户人群特征的分析、店铺的装饰、产品形象的设计、店铺的推广策划、市场营销策略、客户关系的维护等全流程的实训。由于这是一个综合性的项目，需要引导学生利用计算思维来完成任务，可以先让学生自由组建十人小组，选出负责人，由负责人召集全体组员利用思维导图进行任务拆分，将其拆分成若干个子任务，学生结合自身的特长领取任务，每个学生至少负责一项任务，负责人利用已学的知识分析子任务，制订出任务计划并在组内宣讲并将任务分配给小组成员，大家共同完成。通过实训，促进学生进一步理解计算思维、应用计算思维，掌握解决综合性、开放性问题的方法，提升学生分析和解决问题的能力。

四、在各类竞赛中淬炼计算思维能力

竞赛是在规定的时间内完成相关的任务，主要考查学生分析和解决问题的能力，是一个良好的检验参赛学生计算思维能力的场景。竞赛训练的过程是教会学生解决实际问题的过程，指导教师要注重随时引导学生使用计算思维去发现问题、分析问题、解释现象、解决问题，并采用专题训练的方式及时总结计算思维的应用，鼓励学生用计算思维去思考、阐述，并学会应用计算思维解决新问题。

例如，"全国职业院校技能大赛中职组电子商务技能赛"围绕网店运营中的网店直播、网店开设装修、网店客户服务、网店推广等核心工作任务，全面考察选手的直播能力、推销能力、营销能力、信息编辑发布能力、客户服务能力、网店推广能力、数据分析能力和团队合作能力以及参赛选手的职业道德、职业素养和创新创业能力。通过这类全国性的比赛，锻炼了学生自主探究、分析问题、解决问题的能力，学生利用已学的理论知识和实操经验完成竞赛方案的设计和优化，学生的计算思维得到了充分的训练和应用，计算思维能力进一步形成，提升了学生问题解决能力，为学生的可持续发展奠定了基础。

计算思维是智能时代学生必备的素质，是一种分析问题、解决问题的能力和方法，中职教育以培养应用型、技能型人才为目标，在日常的教学过程中培养学生计算思维，更好地提升学生的专业技能，提高学生的创新能力，更好地适应电子商务的快速变革，提升中职学生的就业竞争力。

第三节 基于 CDIO 模式的中职学生计算思维培育实践

CDIO 是被世界公认的工程教育模式，该模式是近年来工程教育改革的成果之一。"CDIO 即构想（Conceive）、设计（Design）、实施（Implement）和运行（Operate），这四个环节既是工程活动的背景，又是产品制作和问题解决的基本流程。"① CDIO 模式具有工程师的远见，在教授技能的同时还要让学生学会如何沟通和团队合作，并通过为学生设计项目进行积极的经验学习。CDIO 包括教育愿景、教学大纲和教学标准，CDIO 基于共同的前提，即工程毕业生应能够构思—设计—实施—运行，在基于团队的现代工程环境中操作复杂的工程系统，以建立新的系统和产品。CDIO 大纲分为学科知识、个人专业技能、人际交往、CDIO 全过程能力四个部分。

一、基于 CDIO 模式的中职学生计算思维培育可行性

（一）CDIO 工程教育背景

CDIO 模式的四个环节是作为工程教育背景，而不是教育内容存在的。工程教育环境是指在工程实践的基础上建立的教育环境。"环境"这个词的含义有两个部分：周围存在的环境，以及有助于理解或解释意义的背景。在教育方面，环境是指帮助学习者建立意义和理解的背景。教育环境包括学生的经验基础、激励学习的因素，以及学以致用的方向。

---

① 郭义翔：《CDIO 模式在中职学生计算思维培养中的应用研究》，山西师范大学 2021 年学位论文，第 13 页。

工程的核心是产品、流程和系统，产品是指任何可转让的有形商品或物品；流程是指向一个目标的行动或转化过程；系统是物体的最佳组合结果。不同于一般的教育环境，工程教育环境具有以下特点：①工程教育环境是真实的，是工程师操作的一系列活动；②存在于产品或系统的整个生命周期；③以用户的需求为最终目的；④重视工程问题的解决；⑤强调在实践中与他人合作、交流，工程师们会对不同的问题解决方案进行讨论交流。

计算思维是解决复杂问题的一整套思维技能。构想、设计、实施和运行是工程师解决工程问题的通用解决方案。《中等职业学校信息技术课程标准》中对计算思维培养的要求，除了学会在日常生活中运用计算思维解决问题外，还强调形成在未来职业情境中的问题解决能力。CDIO模式基于真实的工程环境，可以让学生在职业情境中学习，并将学习到的知识技能迁移应用到工作环境中。为学生在未来工作中应用计算机解决实际问题，形成职业素养和职业道德奠定基础。

（二）CDIO 的学习成果

CDIO大纲是麻省理工学院为工程教育制定的教学大纲，并经过许多领域专家的评审。CDIO具有广泛的适用性，任何学校的工程计划都可以从中获得特定的学习成果。CDIO大纲详细规定了学生的知识、能力和态度要求。大纲分为四部分，首先，学生必须具备相关的基础技术知识和逻辑能力，才能开发出满足现实需要的工程产品；其次，学生必须具备合作精神和人际交往技能，来更好地适应未来团队合作的工作环境；最后，学生必须了解产品如何在现实社会和工作环境中构思、设计、实现和运行，才能够最终创造出产品或系统。其中，CDIO大纲第二部分个人专业技能要求学生能够分析解决问题，具备良好的学习态度和思想，第三部分要求学生具有团队合作与沟通技能，这与计算思维能力的培养目标有很多相同之处。

计算思维是包含问题解决、算法思维、合作学习、创新能力、批判性思维等思维和能力的复合概念。从表6-2可以看出，CDIO的培养目标与计算思维的培养目标都是学生综合能力的提升。

表6-2　CDIO 大纲与计算思维

CDIO 大纲	计算思维
2.1 分析推理和问题解决	问题解决
2.2.1 问题识别与表述	
2.2.2 建模	算法思维
2.2.3 解决方案与建议	

CDIO 大纲	计算思维
2.4.1 面对不确定性的主动性和意愿	问题解决
2.4.3 创造性思维	创新能力
2.4.4 批判性思维	批判性思维
3.1 团队合作	合作学习

（三）CDIO 的经验循环

CDIO 是一个循环教育模式，并不是直线的。C-D-I-O 过程是一个循环过程，包括一个外循环和两个内循环。首先，C-D-I-O 工程实践是一个迭代化的修正和创造过程，工程师需要创造并反复修订产品。此外，D-I 过程与 O-C 过程经过抽象经验与具体经验间的循环转换。对于复杂的工程问题，则需要经历多个经验学习圈，形成螺旋周期，从初级经验逐步上升为更高级经验，在获得经验和转化经验的过程中促进思维能力向更高层次发展，C-D-I-O 设计过程的迭代性有助于学习者理解他们的学习目标，理解他们使用的工具和他们所从事的工作之间的动态关系。这种可以使学生直接参与的体验式学习活动，留给学生更多的思考空间，增加学生的学习经验。通过让学生主动思考，并要求他们将想法变为现实，这个过程将有助于提高学生的学习动机，形成终身学习的习惯，可以帮助学生建立关键概念之间的联系，并将这些知识应用到新的环境中。

计算思维是一个问题解决的思维过程。计算思维过程也是一种循环迭代过程，计算思维在循环迭代的过程中逐渐得到发展。计算思维是包含多个认知过程的多维结构，包括抽象、分解、算法设计、自动化、数据分析、数据收集、数据表示、并行、模式归纳、模式识别与迁移等核心实践过程。这些思维过程体现在工程实践过程中，在产品设计与创作的C-D-I-O 中可以培养计算实践能力，最终体现为问题解决能力、批判性思维、创造力、协作学习能力以及算法思维的综合提升。

二、基于 CDIO 模式的中职学生计算思维培育教学框架

本书以 CDIO 模式的四个环节为主要过程，设计了如图 6-1 所示的基于 CDIO 模式的计算思维培养教学框架。框架以五种计算思维复合能力的培养为核心目标，以 CDIO 模式构想—设计—实施—运行四个环节作为理论依据，构想、设计、实施、运行、展示交流、总结提升是学习者的学习过程。问题的抽象与分解、组织与分析数据、设计算法、建立模型、测试与调试、并行、迁移的计算思维实践过程与学生的学习过程对应，形成学习过程

与计算实践过程的整合。学生在学习过程中，体验计算实践过程，达到培养计算思维复合能力的目标。C-D-I-O 过程中，学生在设计环节经历"研究问题—提出方案—评估方案—选择方案"的设计循环过程，形成作品的最优化设计方案，在运行环节的"测试—观察—反思总结—重新设计"的测试循环过程，根据运行的结果完善作品。整个工程产品完成中形成"构想—设计—实施—运行"的外部循环。

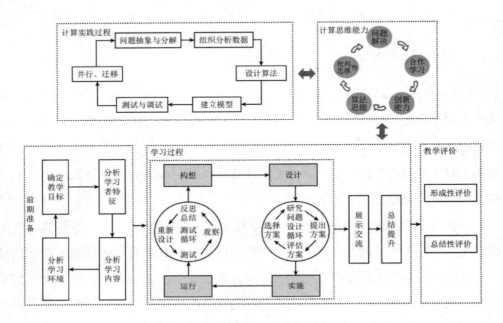

图 6-1　基于 CDIO 模式培养计算思维的教学框架

（一）前期准备

教学准备是决定教学能否成功的关键步骤。首先，确定教学目标，教学目标包括课程的整体目标，每单元的单元目标以及每节课的学习目标。其次，分析学习者的特征，学习者是教学活动的中心，学习者的能力水平、认知结构、学习风格等特征都影响着学习过程。不同年龄阶段的学习者有不同的认知结构、学习风格和学习动机。最后，分析学习内容，学习内容决定着教学方法和教学策略的选择。另外，教师作为设计者应创建利于学习者学习的学习环境，设计丰富的学习资源，营造轻松愉悦的学习氛围。

（二）学习过程

CDIO 过程对于中职学生来说较为复杂，为了适应中职学生的学习需要，对 C-D-I-O 过程进行了简化。教师作为计算思维整合者，将计算思维整合到教学活动中，学生是活动的主体。在构想阶段，学生需要明确要解决的问题，查阅资料，分析需求和条件，在此过程中学生形成问题解决能力。设计阶段，学生集思广益，充分发挥自己的创新力，设计解决问题的方案，绘制流程图或作品设计图。学生经过小组讨论分析研究问题—提出解决方案—评估方案—选择方案，直到设计出最优的设计方案，这个过程促进学生创新能力和批判性思维的发展。实施阶段，学生借助计算机或其他工具实施设计方案，在此过程中，学生需要建模、仿真，运用算法和程序，这个阶段培养学生的算法思维与合作学习能力。在运行阶段，通过测试—观察比较—总结经验—重新修改设计—再次运行，不断完善作品，这个阶段培养学生的批判性思维。从设计到实施和从运行到构想要经过抽象概括与具体经验相互转化的两次经验循环，在一个比较复杂的产品制作过程中，需要反复经历多次具体到抽象的经验循环，螺旋上升，逐步进入更深层次的学习，因此，C-D-I-O 过程也需要反复多次。展示交流环节，小组之间展示作品，相互交流，教师与学生共同制定评价表，对作品进行评价，提升学生的合作学习能力。总结提升是在学习完本节内容后，将所学的知识技能和积累的经验迁移应用到未来的工作环境或者日常生活学习中，培养学生的问题迁移能力。

（三）教学评价

及时的评价对于学生的学习和教师的教学改进都具有重要意义。在教学评价中采用形成性评价和总结性评价相结合的方式。形成性评价主要通过对学生在学习过程中产生的数据进行分析评价，所以要记录学习表现，作品构想、设计、实施、运行过程，作品展示情况。教师作为协作者与学生一起制定评价标准，设置合理的评价指标和权重，在每个项目完成之后，组织学生进行评价，让学生及时明确自己的不足和进一步努力的方向。总结性评价是在课程结束后，检验学生一学期的学习效果，通过学生的期末成绩、访谈和计算思维问卷调查三种方式对学习情况进行综合评价。

第四节　基于游戏化教学的中职学生计算思维培育实践

一、中职学生计算思维培育中游戏化教学的认知

游戏化教学是根据具体的学习内容，结合学习者的具体情况，采取合适的游戏化教学策略，使学习者能够轻松愉快地进行游戏和学习。这里的游戏不仅仅包括电子游戏，还包括教师与学生之间、学生与学生之间的活动游戏，它是一种体验式学习，其本质就是寓教

于乐。具体到信息技术课堂教学，就是教师借助学习性较强的游戏展开教学活动，达成教学目标的一种教学方式。

此处的游戏化教学指的是设计教学中的游戏互动环节。而不是借助某个游戏应用软件教学。在课前的备课环节，教师便要依据教学内容与学习者的特征设计相应的游戏环节，这些游戏环节注重的是学习者的参与程度以及能否达成教学目标。以这个方式进行的教学能够营造一个积极、轻松且生动的课堂氛围，充分调动学生的积极性和自主性，提高学习效率。

（一）游戏化教学的元素分析

为保证游戏化教学的有效落实，往往采用多游戏元素交叉融入教学过程，而这些游戏元素也因为应用到游戏化教学中而成为教学中的游戏化元素。常见的游戏化元素有目标、规则、奖赏结构、反馈等。

第一，目标：目标是进行游戏化教学设计的主要指向标，其他元素的设计均以实现目标要素为中心，这里的目标主要指在教学当中，我们可以明确地告知学生本次教学的目标，也可将其隐藏到游戏当中，使学生在参与的过程中自主得出本次学习过程的目标。学习者在游戏化学习过程中为了实现目标往往能充分挖掘游戏情境中与目标相关的各种信息，从而更好地获得知识。

第二，规则：正所谓无规矩不成方圆，在游戏化教学当中，规则讲述了学习者需要怎样去做，规定了游戏主体的基本活动方式。判断任务成功与否、获得什么程度的奖励，均是通过规则的制定来实现的。

第三，奖赏结构：奖赏结构在游戏化教学中极为重要，它可以满足学习者的成就感和荣誉感，从而激发学习者参与游戏的热情，游戏化教学中经常采取竞赛、积分等手段设置奖赏结构，因此本书中以徽章、得分等作为奖励，给游戏者以肯定，而游戏者犯错时，通过扣取分数、徽章等方式以示惩罚。

第四，反馈：与普通教学一样，反馈在游戏化教学当中也是无处不在。通过反馈可以及时明确学习者的行为是否正确，此结果可为学习者下一步的学习活动提供指导方向。游戏化教学中的反馈大多以游戏分数或游戏任务完成度等形式反馈给学习者，任务完成度高、分数高，则表示游戏的完成度高，对知识的掌握较为牢固。本书中游戏化教学是应用于课堂教学中的，因此除了游戏任务完成情况对学习者的反馈外，还应采取其他评价方式，将学生的学习成果反馈给教师。

（二）游戏化教学的模式划分

我国现有的游戏化教学模式大致分为三种：第一，探究式游戏化教学模式是一种利用游戏活动设置情境，让学生置身情境中自主探究问题的教学模式，其主要阶段包括：内容和目标分析、设计恰当游戏、提出核心任务、游戏探究、总结评价；第二，技能训练式游戏化教学模式即在教学设计中将教学游戏作为学习者操作和练习的工具的教学模式，其主要阶段包括：内容和目标分析、选择游戏、学生分组、技能训练、观察评价、总结；第三，引导式游戏化教学模式是引导学生利用游戏活动中已掌握的知识来指导后续新知识探索的一种教学模式，其主要阶段包括：教学目标确定、选择或设计游戏、情景导入、游戏探究、总结评价。

基于以上三种游戏化教学模式的总结可见，游戏化教学的一般模式至少应包括前期分析、游戏活动设计或选择、实施与调控、总结评价四个阶段。

第一，前期分析阶段。前期分析是游戏成功设计与顺利实施的基础，在游戏化教学模式中具有非常重要的作用，包括学习者分析、教学目标分析、教学内容分析、教学方法及策略分析及评价分析等。

第二，游戏活动设计或选择阶段。游戏化教学，游戏的选择与设计自然是重中之重，要综合多方面考虑，设计或者选择与教学内容相符合的教学游戏。由于游戏化教学中游戏活动的本质也是一种教学活动，因此该阶段应包含教师活动和学生活动两个方面。

第三，实施与调控阶段。前两阶段的准备将通过本阶段进行具体实施，因此该阶段要关注学生在游戏中的学习状况，通过游戏的进行，总结游戏化教学的成果并发现不足。同时，还可以借助一些必要的脚手架资源辅助游戏的调控，例如游戏规则、游戏道具等。

第四，总结评价阶段。在教学过程的每一个环节中，适当的评价不仅能够引导学生对该环节的学习进行反思与总结，还能够鼓励学生在下一学习环节中扬长避短。另外，学生互评的评价方式也有利于营造平等的学习氛围，从而激发学生的学习热情。每个学习任务之后的总结性评价再次提醒了学生从游戏中总结规律，回归到游戏化教学的目标中去。

以上基本模式包含了从教学准备到教学实施再到教学评价的比较完整的教学活动设计过程，在此基础上结合游戏化教学的特点又对该过程进行了更为具体的细化，由于每个阶段之间都是相互独立的，所以本书在基于计算思维培养的游戏化教学设计中，可以结合计算思维培养的需要对这四个阶段分别进行针对性设计。

二、基于游戏化教学的中职学生计算思维培育依据

(一) 设计原则

基于计算思维培养的游戏化教学设计的主要目的是为了使学习者在游戏过程中潜移默化地培养计算思维，从而达到既能提升计算思维又能"寓教于乐"的效果，既要有教学中的教育性又不失游戏的娱乐性，在传授知识的同时，又能促进计算思维的发展。此时的游戏化教学不是将游戏和教学单纯地结合到一起，而是将游戏化的元素融入教学当中。因此，在基于计算思维培养的游戏化教学设计过程中需要遵循以下原则：

第一，内容科学性原则。教学游戏是帮助达到计算思维培养目标和教学目标的一种方法，它是为其相应的教学内容而服务的，所以教学游戏中的知识性内容与其对应的思维教学内容应是相差无几的。此外，教学游戏的作用是辅助学习者对所学内容的吸收、内化、应用甚至是创新，所以其内容应当是科学、准确的。因此，在后续设计中要充分结合教学内容和学习者的实际自身情况，设计与之匹配的教学游戏。

第二，反馈及时性原则。及时的反馈有利于实时明确学习者解决游戏任务的方法是否正确，从而通过问题解决方法的指导来实现对学习者计算思维方法的纠正与指导，为学习者下一步游戏活动中的计算思维方法提供更多方向。因此在教学过程中，教师需要实时地观察学习者行为并及时做出反馈，同时教师应当做到教学有法，教无定法，贵在得法，合理利用教育手段，巧妙地解决课堂上的突发问题。

第三，调控范围合理性原则。因为游戏的开放性与特殊性，游戏过程中存在很多不可控的因素，如果把握不好度，游戏化教学的课堂很容易"跑题"，教师一定要将游戏控制在一定的范围之内，使游戏能够紧贴计算思维培养目标，否则将会导致教学难以达到理想的计算思维培养效果。因此，在基于计算思维培养的游戏化教学设计过程中应考虑课堂调控的设计。

第四，寓教于乐性原则。在基于计算思维培养的游戏化教学设计中，教师所设计的游戏任务，除了调动起了学生的脑力、创造力和动手能力，让学生在轻松的氛围中自然而然地获取知识外，还要让学生体会到计算思维方法的趣味感。如此便可使其在日后的信息技术学习过程中对计算思维方法的运用充满着积极性和自主性。

第五，评价多元性原则。一方面，基于计算思维培养的游戏化学习活动多发生在学习小组中，涉及计算思维培养和学生综合表现；另一方面，基于计算思维培养的游戏化学习活动不仅以提升学生计算思维能力为目标，更强调在问题解决过程中获得的知识与能力。

因此，多维度的教学评价是计算思维理念的体现，也是教学设计的主要原则。教师在教学活动各个环节，应注意学生学习痕迹的记录和收集，以此参照教学目标作为教学评价的部分依据。

（二）方法与过程

计算思维可以划分为算法思维、评估、分解、抽象、概括五个方法要素，它们应用到具体问题解决过程中表现为：当我们处理一个复杂问题时可以先将其分解为若干相对简单的小问题（分解）；在处理这些小问题时，可以忽略掉已解决的问题或者不重要的信息，从而提炼出问题的关键部分（抽象）；然后设计开发出相应的步骤或规则来解决每个小问题（算法思维）；接着从这些简单的步骤或指令中选择出最优方案（评估）；最后将此方案在进行改造并在计算机程序中应用，使其解决更为复杂的相似问题（概括）。

其中"算法思维"指的不是简单地得出问题的答案，而是通过自主开发出科学合理的步骤来进行问题解决的一种方法。无论人脑还是电脑，只要准确按照这组步骤来处理问题，就可以得到问题的答案以及类似问题的处理方法。"评估"指的是对问题解决的多种算法的各个方面进行综合的衡量和判断，如问题处理效率的高低、处理结果准确程度等，确保选择出来的算法能够使问题达到最优化的解决效果。"分解"是一个化整为零的过程，即将复杂问题的整体分散成若干组成该整体的子问题，这些子问题之间的关系是相互独立的，然后分别思考这些子问题的解决算法、最佳方案等，如此便能够实现复杂问题相对简单化，抽象问题相对具体化。"抽象"是一个化繁为简的过程，即通过提取问题的关键部分，同时忽略问题的已解决部分或者对问题解决无关紧要的部分，将复杂的问题或系统进行简化的过程，该过程的关键之处在于抓住问题的主干，过滤细节，只解决该问题中要求解决的部分，从而使问题更易于理解和把握。因此使用"抽象"的方法更便于创建或理解复杂的算法和系统。"概括"指的是在先前已有的问题解决经验的基础上，找到已解决过的问题与待解决的新问题的共同之处，从而可以选择性地运用已有经验来快速解决新问题。同时，我们还可以通过对指定问题的算法的归纳与修改，得到一个能够解决此问题的所有类似问题的通用算法，然后每当遇到新问题的时候，我们都可以利用这个通用的算法来进行问题的解决。

新课程标准将计算思维作为信息技术学科核心素养中的重要素养后，中职信息技术课程教学中更加关注计算思维的培养，新课程标准中对学生计算思维培养的要求大致可以概括为，在学习中能够熟练运用计算机算法及计算机相关思维方法解决问题，能够概括所学专业知识并应用于本专业问题的解决。可见在中职信息技术教育中，对学生进行计算思维的培养远比对学生进行知识的灌输更有价值。

三、基于游戏化教学的中职学生计算思维培育过程

基于游戏化教学的中职学生计算思维培育过程模型如图 6-2 所示，该模型主要包括计算思维部分和游戏化教学活动设计部分，具体设计如下：

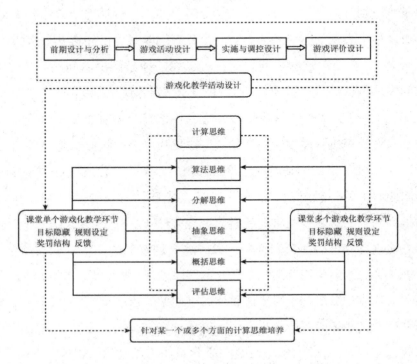

图 6-2　基于游戏化教学的中职学生计算思维培育过程模型

（一）计算思维的部分

1. 算法思维

算法思维是一个制订计划的过程。算法是指运用一种明确的指令来完成某个指定问题的操作，因此算法思维是指通过自主开发出科学合理的步骤来进行问题解决的一种方法，这种方法既适用于人脑也适用于计算机，相比问题解决的答案，算法思维更加注重问题解决的过程及方法。例如，当我们应用计算机解决一个问题的时候，就必须通过计算机语言及程序来实现该问题的解决，那么在我们组织编写计算机程序的过程中就必须制定出解决问题的明确指令和规则，这样计算机才能够按照我们给出的问题解决"计划"，按部就班地解决我们给出的任务。通俗而言，这个过程就是将自然语言转化为算法的过程。

依据算法思维中的方法，在基于计算思维培养的游戏化教学设计中，一个或多个游戏

环节中涉及算法与程序问题的游戏任务时，首先要引导学生制定问题解决的步骤，然后将用自然语言描述的步骤通过计算机语言描述出来，从而得到计算机可解决的具体算法。在此过程中可以借助流程图或 VB 程序设计语言等来设计算法。除此之外，还可以引导学生运用逻辑或推理思维来解释算法、检测算法的准确性。

2. 评估思维

评估是一个方案择优的过程。每一个问题都对应多种解决方案，即存在多种算法，那么评估的过程就是对问题解决的多种算法的各个方面进行综合的衡量和判断，例如问题处理效率的高低、处理结果准确程度等，评估的目的就在于确保选择出来的算法能够使问题达到最优化的解决效果。因此，评估过程中最重要的是考虑各个算法在问题解决中的合适性。例如，当我们需要自主设计一个算法时，我们必须在综合考虑该算法是否能够解决相应的问题、该算法是否易于操作、该算法是否还能够简化等算法标准的基础上，才能对该算法进行最终的编程设计。在我们将问题解决的算法编写成程序的过程中使用评估方法能够在很大程度上减少程序中的错误。

依据评估思维中的方法，在基于计算思维培养的游戏化教学设计中，一个或多个游戏环节中同一游戏任务涉及多种解决方法时，可以先引导学生先对该游戏任务的各个解决方法进行评估，然后再综合游戏规则及目标选择最优方案来执行，以确保解决方案的质量。

3. 分解思维

分解是一个化整为零的过程。即将大问题分解成小问题，以便于筛选、分类，逐个击破。这些分解得到的小问题都是大问题的组成部分，但进行分解后要确保它们之间的关系是相互独立的，因此我们可以针对每一个小问题的特点和要求进行单独的设计和更为详细的检查。由于这些小问题更易于理解和操作，如此分解之举便有助于实现复杂问题相对简单化，抽象问题相对具体化。同理，若想要理解一个复杂系统的运行机制也常常需要应用分解的方法。例如我们想要了解汽车是怎样工作的，就可以将汽车看作一个复杂系统，然后将汽车分解为多个组成部分，分别研究每一部分是如何工作的，如此便能够使得汽车的工作机制更容易为我们所理解，且使得研究汽车工作机制的过程更加简单。

依据分解思维中的方法，在基于计算思维培养的游戏化教学设计中，一个或多个游戏环节中涉及复杂游戏任务或难以理解的整个系统时，可以引导他们运用分解的方法确定问题或系统的结构和组成，还可以鼓励他们遵循由简单到更简单的原则对问题或系统进行多层次的分解与简化，然后再进行具体问题的解决。

4. 抽象思维

抽象是一个化繁为简的过程。即通过提取问题的关键部分或事物的主要特征，同时忽略问题的已解决部分或事物无关紧要的特征，使复杂的问题或系统简单化的过程，该过程的关键之处在于抓住问题的主干或者事物的主要特征，从而使问题更易于理解和把握，或者使事物更易于为人所了解。因此使用"抽象"的方法更便于创建或理解复杂的算法和系统。例如，我们在画一只狗时，首先要了解狗的一般特征，如所有的狗都具有两只耳朵，四条腿和"汪汪"叫等特征。另外，每只狗都有仅属于自己特殊特征，例如皮毛颜色不同、性格上有差异等。那么在没有特别要求的情况下画一只狗时，狗的特殊特征就被看作无关紧要的细节，因此我们就可以只考虑其一般特征，而忽略其特殊特征，即可很好地完成这幅作品。这个分析和过滤细节的过程就是抽象，该过程还可以进一步抽象成数学表达式，转化成程序设计语言。

依据抽象思维中的方法，在基于计算思维培养的游戏化教学设计中，在一个或多个游戏环节中解决复杂游戏任务时，可以引导学生先对问题进行分析，然后按照问题要求提取出该问题的主要特征，同时忽略对解决问题没有帮助的一些细节，从而更加清晰问题的脉络，使问题能够得以轻松解决。

5. 概括思维

概括是一个归纳总结的过程。即通过寻找老问题与新问题的相通之处总结出解决这类问题的一般方法，并对此基本方法进行加工与完善，再次总结出同类问题的解决方案。由此可见，在使用概括方法的过程中，关键点在于找出各个问题之间的相似性。例如，我们想画一系列的狗时，首先可以根据狗的共同特征，即一般特征，在计算思维的概括方法中，这些共同特征叫作模式。我们可以依据这种模式先完成一系列狗中多只狗的基本绘制，再根据每只狗的特殊特征分别添加到它们的绘制中，如此这一系列的狗虽然存在细节的区别，但仍有相同之处。

依据概括思维中模式识别的方法，在基于计算思维培养的游戏化教学设计中，在一个或多个游戏环节中遇到问题或完成游戏任务时，可以引导学生将新问题与已解决的旧问题进行对比，然后归纳总结出它们的相同之处，从而利用已有问题的解决经验来解决新问题；还可以引导学生先将复杂问题分解为若干小问题，然后归纳总结出这些小问题的共同之处，从而运用已有经验对这些小问题进行初步解决，再对这些小问题细节进行改造和重新归纳，使得这些问题得到进一步解决，如此使用概括的方法就可以将问题彻底解决。

以上所述的计算思维的五个要素在基于计算思维培养的游戏化教学设计中的关系既相互独立，又相辅相成，表现为在游戏化教学环节中要针对该环节所设计的游戏内容从中选择恰当的计算思维方法，既可以选择一种方法进行单独培养，也可以借助多种方法来辅助培养一种方法。

（二）游戏化教学活动设计的部分

1. 前期分析与设计

前期分析与设计的目的主要是教学活动设计之前对教学对象及内容等进行深入了解，并以此作为下一步游戏活动设计的依据。该模型中前期分析与设计包括学习者分析、教学目标分析与设计、教学内容分析与设计、教学策略分析与设计。

学习者分析：把握学习者特征有利于在游戏化教学设计时有的放矢地解决问题。该模型针对的学习者是中职生，他们认知起点水平较高，学习主动性较强，喜欢挑战思维含量高的知识，并享受解决问题的乐趣。

教学目标分析与设计：目前信息技术课程的目标是培养和提升学生的信息素养。该模型旨在通过学科知识与计算思维的结合，使学生在知识学习的过程中形成独特的学科思维方式，并能够应用计算思维解决现实生活中的问题。因此本设计中可以将学习者置于具体的游戏情境，然后将课时教学目标进一步细化到游戏目标中。

教学内容分析与设计：本书中教学内容的背景是中职信息技术学科，其知识内容丰富且抽象，增加了学生发展计算思维的机会。因此本设计中教师可以将教学内容游戏化，具体表现为将教学内容设计成一个或多个游戏任务较为明确的游戏教学环节。

教学策略分析与设计：本设计中以游戏情境为开端，采用游戏化教学中的创立游戏规则以及制定奖赏结构等方法，以徽章、得分等作为奖励，给游戏者以肯定。师生共同参与是游戏化教学的核心内容，因此本设计中可采用协同合作的教学与学习方式，学生作为学习小组成员，在组内合作学习中承担任务，学习小组各个成员与教师组成学习共同体，协同合作地解决问题。学生在游戏过程中边玩边学，从而获得合作、问题解决、计算思维、实践等多种能力。

2. 游戏活动设计

基于计算思维培养的游戏化教学活动的关键之处就在于游戏活动的设计，在该模型中游戏活动也是一种教学活动。教学过程是教与学双方共同展开教学任务而组织的一系列教学活动程序，因此游戏活动可以从教师活动和学生活动两个方面同时展开，而且要通过游戏活动来培养学生的计算思维，就需要在教师活动和学习活动中阐述它们是如何在游戏中进行计算思维培养，或者说活动中包含了哪些计算思维方法，具体设计如图6-3所示。

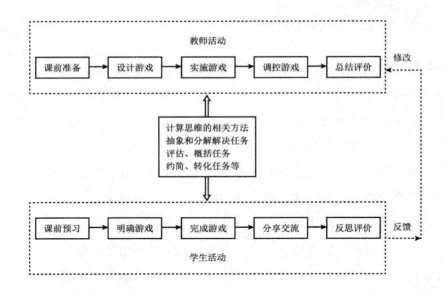

图6-3 基于计算思维培养的游戏化教学活动设计图

教师活动设计：课前，教师首先需要基于计算思维的相关方法来分析教学任务、制定教学目标、确定教学流程，然后设计游戏环节、选择相应的辅助道具，在设计游戏时要注意将合适的计算思维方法渗透其中；课上，教师需要创设游戏情境、介绍游戏规则、分配游戏任务并引导学生进行游戏，在游戏过程中对学生遇到的问题进行调控，并在适当环节给予学生一定的启示；课后，教师需要对学生的行为进行总结评价，同时需要对该节课进行总结评价，因为可能有很多学生不能够进行深度反思，所以需要教师引导其反思在游戏过程中学到了什么。

学生活动设计：课前，学生需要对新知识进行课前预习，以便于更轻松地接受后续游戏活动中所涉及的知识；课上，学生需要弄清游戏规则，明确游戏任务及目标，在教师的引导下进行游戏，通过完成游戏任务来探索新知，在完成游戏任务的过程中学生可以根据游戏规则要求选择独立完成或者小组合作完成，并积极展示自己的游戏成果，在互动交流、互相帮助的过程中巩固新知；课后，学生根据自己的体验情况进行反思评价，内化所学知识。

整个活动过程中教师都要认真观察学生的行为与态度等，及时发现游戏活动中出现的问题，并根据这些问题的反馈对自己的教学活动进行反思与修正。

3. 实施与调控设计

为确保游戏活动的顺利实施，该模型中需要在设计游戏活动实施过程中具备相应的游戏支持，例如活动实施环境、所需道具等。除此之外，还需要针对游戏活动目的与学习者

特征来设计一定的规则，保证游戏活动的过程可以根据规则来随时进行有效调控。

4. 游戏评价设计

教学评价是所有教学设计过程模型构建中必不可少的因素，没有教学评价的教学模式是不完整的。科学合理的教学评价应该是过程性评价与总结性评价相结合，具有客观数据支撑的量化结论。因此，基于计算思维培养的游戏化教学评价，一方面需要反馈学生学习情况，促成学生客观的自我认知；另一方面需要指导教师反思和调整教学。该模型依据基于计算思维培养的游戏化教学设计中评价多元性原则，除了教师评价之外，还需要对学生的自评和互评方面进行设计。

在进行基于计算思维培养的游戏化教学活动设计时，教师采取目标隐藏、规则设定、奖罚结构设置以及反馈等游戏化教学策略对学生进行计算思维的培养。根据教学内容，教师既可以在课堂单个游戏化教学环节中选择计算思维的其中一种或几种思维加以设计，也就是该节课中某个教学环节培养计算思维的一方面或多方面思维，即一对一或一对多的关系，同时也可以在课堂多个游戏化教学环节中选择计算思维的其中一种或几种思维加以设计，也就是该节课中多个游戏化教学环节培养计算思维的一方面或多方面内容，即多对一或多对多的关系。

（1）单个游戏化教学环节设计。计算思维包括了算法思维、评估、分解、抽象、概括等多种思维方式，在游戏化教学活动设计时可在某环节针对计算思维的一方面或多方面思维进行培养，结合教学内容单独设计该环节的课堂教学活动。例如，中职"算法与程序设计"模块，在"算法的初步认识"教学中，教师可以设计"猜价格"的游戏化教学活动，该游戏活动仅包含猜价格这一游戏环节。老师选择一件百元以内的商品，让同学们来猜其价格，学生询问有关价格的问题时老师只能回答"对"或"不对"，且每个学生只能问一次。第一轮要求学生随机猜测。第二轮重新选择商品后要求学生按价格升序猜测（可猜多次），最后解释这种方法就是线性查找。第三轮重新选择商品后请同学们猜，猜之前告知学生商品价格在百元以内，因此引导他们这样问："是 50 元以内吗？"然后再问："是 25 元以内吗？"或"是 75 元以内吗？"最后解释这就是二分查找。三轮过后，组织学生讨论哪种方法更快。当他们熟悉了如何使用二分查找后，设定千元以内的价格重新来玩这个游戏。通过这个游戏，让学生体会问题的解决有具体的步骤与方法，同时让学生在真实的猜价格游戏中体验解决同一个问题可以运用多种方法，通过概括不同方法的共通之处来更好地理解什么是算法，培养学生的算法思维。因此"猜价格"环节培养了学生的概括思维和算法思维，但主要培养的是算法思维。

（2）多个游戏化教学环节设计。计算思维包括了算法思维、评估、分解、抽象、概括等多种思维方式，在游戏化教学活动设计时可在同一个游戏活动中设计多个培养计算思维的游戏环节，如此就能实现一个教学活动培养多种计算思维。例如，在"计算机硬件组成"教学中，教师可以设计"制造电脑模型"的游戏化教学活动，该游戏活动包含"拆分电脑"和"制作模型"两个环节。第一环节，教师指导学生拆开一台旧电脑来观察计算机内部的各个组成部分，让学生理解计算机是由众多组件组合而成的，且很多组件还可以进一步分解。这种自主动手操作的方法，使学生能更直观地理解计算机的内部构造，同时培养学生通过分解来认识问题、分析与解决问题的能力，从而培养学生的分解思维。第二环节，教师准备一些制作电脑模型的材料，指导学生进行模型的制作，因为该模型只是为了使学生熟悉计算机的硬件构造，因此学生需要使用一些抽象思维来理解模型中内部构造的复杂性，例如在设计与制作这个模型时可直接忽略线路、螺丝等非重要的细小零部件。该环节培养学生通过抽象思维来简化问题的能力，从而培养学生的抽象思维。综上，该游戏化教学活动从两个环节分别培养了学生的分解思维与抽象思维，实现了一个游戏活动对多种计算思维的培养。

此模型通过计算思维在游戏活动中的渗透，把游戏化教学与计算思维的培养完美结合起来，教师在教学过程中借助游戏活动的设计将计算思维与授课内容联系在一起，从而使学生在游戏过程中自然而然地采用计算思维的相关方法（分解、抽象、概括等）来完成学习任务。如此，学生在体验游戏的过程中掌握了知识的同时，也提高了计算思维能力。

参考文献

[1] 曹延泅，吕丽莉. 论智慧教育与现代教育理念的契合 [J]. 教育探索，2017（2）：22.

[2] 曾夏玲. 基于计算思维能力培养的"轻游戏"教学模式初探 [J]. 职教论坛，2015（11）：79-82.

[3] 陈国良，李廉，董荣胜. 走向计算思维 2.0 [J]. 中国大学教学，2020（4）：24-30.

[4] 丁海燕. 计算机程序设计课程中计算思维的培养 [J]. 实验技术与管理，2015，32（12）：16-18，21.

[5] 丁世强，王平升，赵可云，等. 面向计算思维能力发展的项目式教学研究 [J]. 现代教育技术，2020，30（9）：49-55.

[6] 董晓云. 基于终身教育理念下的在线学习模式探索 [J]. 产业与科技论坛，2017，16（15）：180-181.

[7] 龚鑫，乔爱玲. 基于游戏的体验式学习对计算思维的影响 [J]. 现代教育技术，2021，31（11）：119-126.

[8] 关月玲. 培养学生的思维能力 [M]. 杨凌：西北农林科技大学出版社，2013.

[9] 郭义翔. CDIO 模式在中职学生计算思维培养中的应用研究 [D]. 临汾：山西师范大学，2021：13.

[10] 胡殿均. 基于课标的中职学生计算机思维的培养 [J]. 江苏教育研究，2021（Z3）：51.

[11] 李艳坤，高铁刚. 基于思维视角的计算思维综合解读 [J]. 现代教育技术，2017，27（1）：68-73.

[12] 林玥茹. 中职学生专业学习策略研究 [D]. 上海：华东师范大学，2019：91.

[13] 刘君亮. 基于计算思维的混合式学习模型研究 [D]. 北京：北京交通大学，2014：6.

[14] 刘俊强. 现代教育技术 [M]. 武汉：华中师范大学出版社，2018.

[15] 刘晓旭. 新课标下中职学生创新思维能力的培养 [J]. 黑龙江科技信息，2011（3）：

181.

[16] 刘瑜，李瑛，韩秋枫. 建构主义理论在培养学生计算思维中的应用研究 [J]. 计算机工程与科学，2014，36（z1）：241-243.

[17] 卢新予，张莉，赵颖，等. 现代教育技术 [M]. 上海：复旦大学出版社，2014.

[18] 罗海风，刘坚，罗杨. 人工智能时代的必备心智素养：计算思维 [J]. 现代教育技术，2019（6）：26-33.

[19] 牛富俭. 中职学生发散思维能力培养方式初探 [J]. 甘肃科技，2016，32（18）：76.

[20] 牛万程. 计算思维及程序设计基础 [M]. 北京：北京邮电大学出版社，2021.

[21] 彭琼. 坚持以人为本提高德育实效 [J]. 湖北教育（政务宣传），2021（11）：54.

[22] 邱红艳，孙宝刚. 现代教育技术 [M]. 重庆：重庆大学出版社，2020.

[23] 冉新义. 混合式学习的理论与应用研究 [M]. 厦门：厦门大学出版社，2018.

[24] 石岩，张立，巨亚荣. 计算思维能力的结构分析和教学系统构建 [J]. 计算机工程与科学，2014，36（z1）：131-134.

[25] 王轶喆. 生本论教育思想在现代教育中的渗透 [J]. 亚太教育，2016（6）：284.

[26] 文源，汤晓伟，耿桂芝，等. 现代教育技术 [M]. 镇江：江苏大学出版社，2016.

[27] 吴康美. 面向中职学生计算思维的任务驱动教学应用研究 [D]. 重庆：重庆师范大学，2021：19.

[28] 徐迎晓，李妍. 跨学科课堂的计算思维练习 [J]. 计算机工程与科学，2014，36（z2）：46-48.

[29] 许肇超，刘宝林，邱志坚. 现代教育理念与教学管理研究 [M]. 长春：吉林出版集团股份有限公司，2017.

[30] 杨春志. 中职电子商务专业学生计算思维能力培养的探索 [J]. 辽宁省交通高等专科学校学报，2022，24（2）：75.

[31] 尹春霞. 中职学生自我控制、学业情绪与学业成绩的关系 [D]. 武汉：华中师范大学，2019：43.

[32] 于颖，周东岱，于伟. 计算思维的意蕴解析与结构建构 [J]. 现代教育技术，2017（5）：60-66.

[33] 郁晓华，王美玲，程佳敏，等. 计算思维评价的新途径：微认证 [J]. 开放教育研究，2022，28（1）：107-120.

[34] 张进宝. 计算思维教育：概念演变与面临的挑战 [J]. 现代远程教育研究，2019，

31 （6）：89-101.

［35］张睿. 教育的功能与价值概说［J］. 教书育人：高教论坛，2013 （6）：2.

［36］张兆芹，陈守芳，贾维辰，等. 职业教育中学生计算思维能力的培养方案探析［J］. 职教论坛，2016 （3）：14-19.

［37］赵诗安，陈国庆. 现代教育理念［M］. 南昌：江西高校出版社，2010.

［38］朱川慧，朱敬. 基于游戏化教学的中职生计算思维培养研究［J］. 广西职业技术学院学报，2019，12 （6）：116-119.

［39］朱珂，徐紫娟，陈婉旖. 国际视阈下计算思维评价研究的理论和实践［J］. 电化教育研究，2020，41 （12）：20-27.